新型环保制冷剂热力性质研究

吕少华◎著

中国石化出版社
·北京·

内 容 提 要

研究和推广新型环保制冷剂是解决臭氧层空洞及温室效应等环境问题的必要途径。氢氟烃类物质由于其优良的物理化学性质及热工特性，是替代制冷剂发展的重要方向。黏度和比定压热容是流体重要的热物理性质，是研究流体流动和传热传质的关键参数。本书研制了实验系统，对氢氟烃类新型环保制冷剂的黏度和比定压热容进行实验研究，并采用对比态原理计算其比定压热容，该理论研究能够为氢氟烃类物质的研究、推广及应用提供基础物性数据。

本书可作为低温、制冷、能源、动力、化工以及环保等相关领域研究人员的参考资料。

图书在版编目(CIP)数据

新型环保制冷剂热力性质研究 / 吕少华著 . —北京：中国石化出版社，2023. 12
ISBN 978-7-5114-6666-2

Ⅰ. ①新… Ⅱ. ①吕… Ⅲ. ①无污染技术-应用-制冷剂-热力学性质-研究 Ⅳ. ①TB64

中国版本图书馆 CIP 数据核字(2022)第 065972 号

中国石化出版社出版发行

地址：北京市东城区安定门外大街 58 号
邮编：100011 电话：(010)57512500
发行部电话：(010)57512575
http://www.sinopec-press.com
E-mail：press@sinopec.com
北京艾普海德印刷有限公司印刷
全国各地新华书店经销

*

710 毫米×1000 毫米 16 开本 10.25 印张 152 千字
2023 年 12 月第 1 版 2023 年 12 月第 1 次印刷
定价：60.00 元

前言

氯氟烃(CFCs)及含氢氯氟烃(HCFCs)类物质广泛应用于低温及制冷行业，除此之外，它们还可以用作清洗剂、杀虫剂、发泡剂及灭火剂等。该类物质的大量使用造成臭氧层破坏及温室效应，对环境造成了严重破坏。随着《关于消耗臭氧层物质的蒙特利尔议定书》《京都议定书》及《巴黎协定》等国际公约的达成，对造成臭氧层破坏和温室效应物质的生产和使用做出了限制。近些年，各国科研人员致力于发展新型环保制冷剂。氢氟烃(HFCs)类物质对臭氧层无破坏作用，且部分物质 GWP(Global Warming Potential，全球变暖潜势)较低，已经成为具备发展前景的替代制冷剂。

黏度和比热容是流体的重要热物理性质，在能源、化工等领域有着广泛的应用，对于研究流体的流动、传热传质过程等具有重要的价值，是科学研究和工程设计必需的基础物性数据。

本书对以 HFC-161(Ethyl Fluoride，氟乙烷)为代表的 HFCs 类制冷剂的黏度和比定压热容进行了实验及理论研究。共分 6 章：第 1 章为绪论，主要介绍了制冷剂的发展历程，新型环保制冷剂的发展方向，总结了黏度和比定压热容的实验研究方法；第 2 章介绍了振动盘黏度计实验系统及其工作原理，改进了悬挂系统等核心部件，验证了改进后实验系统的稳定性；第 3 章采用二氧化碳、氩气、氢气等标定实验系统，测量了氮气的气相黏度，验证了实验系统的精度，测量了 HFC-161 的气相黏度，对实验数据进行了回归，获得了计算方程，推导了 Lennard-Jones 势能函数的参数；第 4 章介绍了流动型量热法的原理，基于此搭建了流动型比定压热容实验系统，对量热计的结构，温度、压力、流量及加热功率的测量原理进行了详细介绍；第 5 章测量了水的比定压热容，验证了实验系统的可靠性，测量了 HFC-161 液相及气相比定压热容，并在此基础上获得了饱和相比定压热容；第 6 章采用 P-R 方程基于对比态原理，提出了 HFCs 类物质比定压热容的理论计算模型，该模型具备较高的计算精度。

本书获西安石油大学优秀学术著作出版基金资助，在此深表感谢。

由于本书作者水平有限，书中错误和不妥之处在所难免，恳请广大读者批评指正。

目录

1 绪　论

1.1 研究背景

氯氟烃(CFCs)及含氢氯氟烃(HCFCs)类物质在一般条件下化学性质稳定，不易燃烧且无毒，具有优良的物理化学性质及热工特性，因此，作为制冷剂大规模应用于制冷行业，极大地促进了制冷行业的发展。除此之外，它们还作为清洗剂、气溶胶、杀虫剂、抗凝剂、发泡剂和灭火剂等被广泛应用。CFCs 类和 HCFCs 类物质的广泛应用与当今世界存在的两大环境问题(臭氧层破坏和温室效应)有着密切的关系。为了缓解这些问题，科研人员一直致力于研究符合环保要求的替代制冷剂。

1.1.1 臭氧层破坏

臭氧层位于大气中的平流层，其主要作用是吸收太阳光中短波段的紫外线，从而保护地球上的生态系统。当臭氧层遭到破坏变薄甚至形成空洞时，其吸收紫外线辐射的能力会大幅度减弱，使得到达地球表面的紫外线 UV-B 显著增强，会给人类健康以及生态环境带来多重危害。紫外线 UV-B 的增加将会引发和加剧人类眼部疾病，导致皮肤癌及其他疾病。

Monlina 和 Rowland[1]通过研究发现 CFCs 类、HCFCs 类物质及其他含氯的人造物质在高空中受到紫外线的照射时会产生游离的氯离子，而一个游离的氯离子可以破坏上千乃至多达十万个臭氧分子，而其本身并不受损。为了表征 CFCs 与 HCFCs 类物质对臭氧的消耗，引入 ODP(Ozen Depletion Potential，即臭氧消耗潜值)。将制冷剂 CFC-11 对臭氧的损坏能力作为基准，规定

CFC-11的ODP为1，其他物质的ODP为相对于CFC-11的比值。

从20世纪50年代开始，科研人员发现臭氧层中臭氧浓度有下降的趋势，引起了世界各国的关注。自1976年开始，联合国环境规划署召开国际会议，通过了一系列臭氧层保护决议。20世纪80年代，英国南极科考队在南极地区观测发现了臭氧层空洞，国际上保护臭氧层的呼声更加高涨。经过科学家调查与研究后，一些国家和地区政府于1987年9月16日在加拿大的蒙特利尔通过了《关于消耗臭氧层物质的蒙特利尔议定书》(以下称为《议定书》)。按照《议定书》规定，参与条约的各成员将按规定时间逐渐减少5种氟利昂(CFC-11、CFC-12、CFC-113、CFC-114、CFC-115)的生产和消耗，并停止3种溴代物(Hallon1211、Hallon1301、Hallon2402)的生产与消耗。此外，协议规定：1989年7月1日起，这5种氟利昂的消耗量不超过1986年的使用量水平；自1993年7月开始，其消耗量不超过1986年消耗量的80%；1998年7月起，消耗量降低至1986年的50%。为了促使更多国家和地区参与到臭氧层保护中，1990年通过了伦敦修正案。中国政府于1991年加入了经修正的《议定书》[2]。根据《议定书》及其修正案的规定，发达国家于1996年起淘汰CFCs类物质，并于2020—2030年淘汰HCFCs类物质；发展中国家于2010年起淘汰CFCs类物质，并于2040年淘汰HCFCs类物质[3]。2007年在蒙特利尔召开的第19次大会又做出了加快淘汰HCFCs类物质的决定[4]。

1.1.2 温室效应

CFCs及HCFCs类物质除了破坏臭氧层之外，它们还是温室气体的重要组成部分。温室效应引起全球变暖、极端天气增多、土地沙漠化等问题，同样对地球的生态系统带来了极大的威胁[5]。2014年IPCC(Intergovernmental Panel on Climate Change，联合国政府间气候变化专门委员会)发布的报告中指出，全球变暖已经并且正在给许多国家和地区造成不利影响，而且不利影响日趋严重。1901—2012年，地球表面的平均温度上升了0.89℃；预计在2016—2035年，地表温度会继续上升0.3~0.7℃。全球变暖的趋势对整个地球造成的影响是方方面面的：对各种动物的生存造成不利影响；影响植物的成长，对人类社会农作物的种植造成影响；极端天气变得更加频繁与剧烈等。

二氧化碳是对温室效应影响最大的气体。煤炭、石油等化石燃料的使用，工业生产以及森林覆盖率减小都会造成大气中二氧化碳浓度的升高。因此，世界各国都在提高燃料的利用效率，并且推动太阳能、风能等清洁能源在能源消费中的比值，达到减少碳排放的目的。CFCs 与 HCFCs 类物质由于其吸收辐射的特性，现在已经成为第二大类温室气体，其产生的温室效应影响达到了15%左右。为了表征温室效应的强弱，提出了 GWP(Global Warming Potential)，即全球变暖潜势。将二氧化碳的 GWP 规定为 1，其他气体的 GWP 为 100 年的时间内，各种气体造成的温室效应所对应的产生相同温室效应的二氧化碳的质量。

CFCs 与 HCFCs 类物质引起的温室效应可以分为直接和间接两个方面[6]。当 CFCs 与 HCFCs 类物质排放到大气中时，由于其性质稳定，能够长时间存在于大气环境中，破坏地面与大气之间红外辐射的正常关系，吸收地球表面释放的红外线辐射，造成直接温室效应。此外，当 CFCs 与 HCFCs 类物质作为空调、热泵等设备的工质使用时会消耗能量，从而引起相应的二氧化碳排放，造成间接的温室效应。由于空调和热泵等系统消耗的能量主要为电能，而电能的主要来源为化石燃料的燃烧。空调和热泵效率越低，其消耗的电能越多，造成的二氧化碳排放量也就越大，其间接温室效应也越大。

全球变暖和臭氧层空洞，人类发展过程中遇到的这两大环境问题，正在造成严重的后果。国际社会紧密合作，达成了很多协议用以限制温室气体的排放。1992 年，联合国通过了《气候变化框架公约》，该公约为世界上第一个用以控制二氧化碳等温室气体排放，应对全球变暖给人类社会和经济造成不利影响的国际性公约，同时也是人类社会缓解全球气候变化问题进行合作的一个基础框架。1997 年，为了使人类免受气候变暖的威胁，149 个国家和地区在日本通过了《京都议定书》，其目的是限制大气层中的温室气体含量，使其处于适当的水平。因此，该协议将 GWP 值较高的物质也列入了控制范围。

为了解决这两大问题，发达国家已经开始禁用 CFCs 类物质，并且即将全面禁止 HCFCs 类物质的生产和使用。我国目前已经成为消耗臭氧层物质生产和使用最大的国家，面对严峻的环境问题，寻求新的制冷剂替代物已经刻不容缓[7,8]。目前国内已经禁止 CFCs 类物质的应用，并且正在减少 HCFCs 类物质的生产和使用。

1.1.3 HCFCs 应用现状

很多国家已经开始禁止使用 CFCs 类物质，由于使用设备存量较大，HCFCs 类物质仍然是一种广泛使用的制冷剂，这其中以 HCFC-22 为代表。从 20 世纪 40 年代以来，HCFC-22 凭借其良好的化学稳定性以及热稳定性，优异的热力学性能(适中的饱和蒸汽压、较低的黏度、较大的容积制冷量、较高的导热系数、较低的能耗)，安全性能良好(不燃烧、不爆炸、无腐蚀、低毒性)等优点，成为制冷行业广泛应用的一种 HCFCs 类制冷剂。除此之外，HCFC-22 还可以作为化工生产中的基本原料，也可以用作杀虫剂和喷漆中的气雾喷射剂等。除了 HCFC-22，常用的 HCFCs 类制冷剂还有 HCFC-123、HCFC-124、HCFC-141b 等。

HCFC-22 的 ODP 与 GWP 值分别为 0.05 与 1760，它不仅是一种对臭氧层有直接危害的制冷剂，同时它的直接温室效应也非常高。根据 2007 年蒙特利尔协议书第十九次会议通过的新方案，各国将加快淘汰 HCFCs 类物质的速度。新方案规定：发展中国家 2013 年的消费水平将冻结在 2009—2010 年的平均水平。2015 年时，完成削减 2013 年水平的 10%，2020 年时削减 35%，2025 年时削减 67.5%，2030—2040 年时只允许保留 2.5%的维修消费量。我国作为世界上最大的 HCFC-22 生产与消费国，必须寻求一条替代路线并研究合适的替代技术。根据替代制冷剂的选择标准，结合国际上替代制冷剂的研究方向，国内将研究方向主要集中于 HFCs 类物质及其混合物，并提出了相关的替代技术[9-12]。

1.2 替代制冷剂研究现状

1.2.1 替代制冷剂选择标准

由于 HCFCs 类物质已经或正在被禁用，因此其替代制冷剂的研究不断深入，作为替代制冷剂要满足环保的要求以及工程应用的需求，同时还要考虑制冷剂的经济性。出于环保的要求，替代制冷剂需满足以下条件：对臭氧层无破坏(ODP=0)，同时温室效应较小(GWP 值较小)。出于工程应用的需要，作为替代制冷剂应该满足以下标准：优异的物理化学性质、良好的热力学性能等要求。具体来讲，优异的物理化学性质要求为：安全、不可燃或不易燃、不爆炸、无毒、化学稳定性与热稳定性高、不易分解、无腐蚀性、不与润滑油或其他接触件发生反应、绝缘等。较好的热物理性质要求为：合适的沸点与临界点、较大的气化潜热(减少充灌量)、临界温度较高(保证压焓图上冷凝线距离临界点较远)、较低的三相点温度(制冷剂可达到较低的制冷温度)、导热系数高(保证蒸发器与冷凝器中的换热效率)、黏度小(提高制冷剂传输效率，减小功耗)等。除了这些还要考虑制冷剂本身的经济性，要求其制造原材料成本较低，替代使用时原系统的改动较小。

1.2.2 替代制冷剂的研究方向

目前，世界各组织对制冷剂的替代方案研究主要有下面两种路线：一是采用 HFCs 类混合物来替代，比如 HFC-410A(HFC-32 与 HFC-125 按质量比 50：50 组成)、HFC-407C(HFC-32、HFC-125 及 HFC-134a 按质量比 24：26：50 组成)，主要以美国和日本等国为代表；二是采用天然工质，比如现在空调中使用的 HC-600a(异丁烷)以及二氧化碳、氨等，主要以德国以及北欧一些国家为代表。虽然天然的碳氢类化合物的 ODP 与 GWP 值几乎都为 0，但是受到其自身易燃易爆等性质的限制，而其他一些天然工质受其自身有毒或者温室效应较高等限制，使得它们的应用场合受到很大限制。HFC-410A 与 HFC-407C 等 HFCs 类物质的混合物虽然 ODP 值为 0，但也存在其自身的问题，比如 HFC-410A 的冷凝压力较大，HFC-407C 的温度滑移大，并且二者的 GWP 值分别为 2000 和 1700，都属于较高的范围，在解决了破坏臭氧层问题的同时带来了温室效应的问题，这与目前环保的要求不符。

国内的科研人员也对各种替代制冷剂进行了研究，并且产生了一定的科研成果。清华大学的段远源、史琳等人提出了使用 HFC-32 替代 HCFC-22，并研究了部分替代制冷剂的热物性[13-16]；浙江大学的陈光明等人提出了使用 HFC-161 的混合物作为 HCFC-22 的替代物，取得了理想的结果，并对替代物的泄漏特性等性质进行了深入的研究[17-19]；天津大学的张于峰等人研究了替代制冷剂 HFC-152a/HFC125 混合物、HC-290 的理论与实际应用的问题，以及替代工质在小型制冷机中的应用[20-22]；西安交通大学提出使用 HFC-152a 及其混合物替代 HCFC-22，并对其热力学性能进行了分析[23,24]。由此可以看出，国内的研究方向基本集中于 HFCs 类的制冷剂，这说明 HFCs 类物质在替代制冷剂的物质中具有较大的潜力。

虽然 HFCs 类物质的 ODP 值均为 0，可是部分 HFCs 类物质的 GWP 值同样较高，也在《京都议定书》的控制范围之列。近年来，随着全球变暖引起的环境问题日趋严重，世界各国尤其是发达国家甚至已经采取措施开始限制 GWP 值较高的 HFCs 类物质的生产与使用。欧盟于 2006 年通过了 F-gas 法规，该法规的目的是限制 GWP 值较高氟化气体的生产和使用；2014 年，在原法规的基础上，欧盟通过了新 F-gas 法规并于 2015 年 1 月 1 日开始生效。新法规中规定：自新法规生效起，禁止在家用冰箱中使用 GWP 值在 150 以上的工质；自 2022 年 1 月 1 日起，禁止在一切商业制冷设备上使用 GWP 值在 150 以上的工质。因此寻找一种 ODP 值为 0、GWP 值较低，并且热力学性能良好、能够与现有制冷剂替换的新型环保制冷剂是目前制冷剂替代研究工作的主要课题。

由于 HFCs 类物质的 ODP 值都为 0，因此，GWP 值的高低决定着哪种物质符合环保要求，表 1-1 为部分 HFCs 类物质的 GWP 值及其大气寿命，由表中数据可以清楚看出，与其他几种 HFCs 类物质相比，HFC-161 的 GWP 值仅为 4，并且其大气寿命也较短，符合替代制冷剂对 GWP 值及环保的要求。

表 1-1　部分 HFCs 类物质的 GWP 值及其大气寿命

制冷剂	GWP	大气寿命/年	制冷剂	GWP	大气寿命/年
HFC-23	12400	222.0	HFC-152a	138	1.5
HFC-32	677	5.2	HFC-161	4	66.0
HFC-125	3170	28.2	HFC-227ea	3350	38.9
HFC-134a	1300	13.4	HFC-236fa	8060	242.0
HFC-143a	4800	47.1	HFC-245fa	858	7.7

HFC-161（氟乙烷，Ethyl Fluoride），化学式为 C_2H_5F，其生产工艺相对比较简单，生产过程中产生的污染物较少，也容易处理[25]。表 1-2 为 HFC-161 的部分物理化学性质，HFC-161 基本无毒，在密闭与非密闭系统中都可以安全应用。HFC-161 具有一定的可燃性，其燃烧下限 LFL（Lower Flammability Limit）为 3.8%，与其他不易燃或不燃的替代制冷剂相比，是一个明显的短板。但是随着技术的发展，可燃性制冷剂的安全使用方法也在不断进步，比如 HC-600a 与 HFC-152a 在工程实际中已经开始使用。因此，可燃性不会成为阻止 HFC-161 推广使用的因素。HFC-161 沸点为-37.1℃（236.0K），介于 CFC-12 和 HCFC-22 之间，其饱和蒸气压比 HCFC-22 略低，可以直接或者与其他 HFCs 类物质组成混合物替代 HCFC-22。HFC-161 可溶于脂类油，与现在 HFC-134A、HFC-407C、HFC-404A、HFC-410A 制冷系统中使用的润滑油相同，在这些制冷系统中可以直接替换使用[26,27]。HFC-161 还具有质量制

冷量高、容积制冷量与能效比较高、排气温度低等优点[28]，同等条件下，HFC-161的使用量较少，能够做到环保与经济效益兼顾。总的来说，HFC-161满足环保要求，具有优良的热物理性质，满足替代制冷剂的要求，具有光明的应用推广前景。

表 1-2　HFC-161 的部分物理化学性质

性　质	参　数	性　质	参　数
ODP	0	临界温度/K	375.3
GWP	4	临界压力/MPa	5.091
三相点/K	130.0	燃烧下限 LFL/%	3.8
沸点/K	236.0	偏心因子	0.217

1.2.3　HFC-161 的热物性研究现状

制冷剂的热物性数据是研究和设计制冷系统的基础，作为一种新型的替代制冷剂，HFC-161 的热物性研究并不充分，之前仅有临界参数、饱和蒸汽压等数据报道。近些年随着 HFC-161 研究的深入，不断有新的热物性数据发表，比如 *pVT* 性质、液相黏度、表面张力及比热容等，关于 HFC-161 的现有热物性数据如表 1-3所示。

表 1-3　HFC-161 的部分热物性数据

热物性	研究人员	年份	*T*/K	*p*/MPa
临界性质	Booth 等[29]	1935	375.284	5.0288
	Beyerlein 等[30]	1998	375.25	5.046
饱和蒸汽压	Smyth 等[31]	1934	223.19~235.38	0.0541~0.1013
	Grosse 等[32]	1937	235.48	0.1013
	Grosse 等[33]	1940	169.58~236.08	0.0013~0.1013
	Vidaurrl 等[34]	1975	169.56~375.28	0.0013~5.0278
	Beyerlein 等[30]	1998	200.55~350.86	0.0143~3.1965
	Kul 等[35]	2000	200.6~234.9	0.0143~0.0975
	Chen 等[36]	2005	235.69~372.14	0.1015~4.7139
	Cui 等[37]	2006	253.15~323.15	0.2162~1.7039

续表

热物性	研究人员	年份	T/K	p/MPa
pVT	Grosse 等[33]	1940	173.19~236.08	饱和态
	Chen 等[38]	2005	300.16~370.16	0.6422~3.9562
	Beyerlein 等[30]	1998	295.95~346.25	0.1013
	Han 等[39]	2011	231.49~343.01	饱和态
表面张力	Fan 等[40]	2012	233.16~373.1	饱和态
液相黏度	Fan 等[41]	2012	233.15~371.36	饱和态
液相比定压热容	He 等[42]	2015	305.15~360.15	2.16~5.5
状态方程	Wu 等[43]	2012	130~450	0~5.0

由表 1-3 可以看出 HFC-161 热物性研究开始得较早，并取得了一些成果。Booth 等人[29]在 1935 年就获得了 HFC-161 的临界温度与临界压力，并给出了其在温度为 299.8~375.31K 时的饱和蒸汽压；Beyerlein 等人[30]于 1998 年再次测量了 HFC-161 包括临界密度在内的临界性质，同时测量了温度为 200.55~350.86K 的饱和蒸汽压；Smyth[31]及 Grosse[32,33]在 20 世纪 40 年代也获得了少量饱和蒸汽压数据，同时给出了 HFC-161 的沸点；此外，Vidaurrl[34]、Kul[35]、Chen[36]及 Cui[37]等人给出了较宽温度范围内 HFC-161 的饱和蒸汽压数据；Dong[44,45]及 Chen[46]研究了 HFC-161 与其他 HFCs 类替代制冷剂混合物的气液相平衡性质。HFC-161 的 pVT 性质研究开始得同样较早，Grosse[33]在 1940 年就发表了 HFC-161 温度范围为 173.19~236.08K 的饱和液体密度数据；1998 年 Beyerlein[30]发表了常压下 HFC-161 温度范围 295.95~346.25K 的液相密度；Han[39]在 2011 年测量了为 231.49~343.01K 的饱和液相密度，补充了大量的数据；Chen[38] 2005 年发表了 HFC-161 温度范围为 300.16~370.16K、压力范围为饱和压力至 3.96MPa 之间的气相密度数据。饱和蒸汽压及 pVT 是流体基本的热力学性质，其他很多性质根据这些数据由热力学普遍关系式导出。

除临界性质、饱和蒸汽压及 pVT 性质外，HFC-161 的其他热物性数据发表得较少，主要有 Fan[40,41]于 2012 年报道的 233K 至临界温度附近的表面张力及饱和液体黏度；He[42]于 2015 年发表的温度范围为 305.15~360.15K、压力为饱和压力至 5.5MPa 的液相比定压热容。此外，Wu[43]提出了一个基于 Helmholtz 自由能的 HFC-161 专用状态方程，适用压力为 0~5MPa，pVT 性质计算精度较高，声速、比热容等物性计算结果精度较差。总体来看，HFC-161 现有的热物性数据较少，气相黏度、气相比定压热容、导热系数、声速等都没有文献报道，液相比定压热容的数据温度与压力范围也较窄，基础热物性数据的缺乏严重阻碍了 HFC-161 进一步的研究与应用。

为了完善 HFC-161 的基础热物性数据，本文拟针对 HFC-161 缺乏的气相黏度及比定压热容展开实验研究，补充其气相黏度及气相比定压热容数据，扩展液相比定压热容的温度范围与压力测量范围。由于制冷剂的比定压热容是制冷环热力学计算的基础，本文将 HFCs 类物质比定压热容的理论计算同样作为研究内容。

1）气相黏度研究方法的选择

黏度是流体重要的迁移性质之一，在化工、能源、制冷与低温等领域被广泛应用，准确的黏度数据为科学研究提供基础的物性参数，可以优化相关的工程设计。精确的黏度数据主要来源于实验测量，与流体的液相黏度相比，气相黏度比较小，准确测量存在一定困难。本文拟开展气相黏度的实验研究，测量 HFC-161 的气相黏度，补充其气相黏度的空白。实验研究流体黏度常用的方法有毛细管法、振动弦法、落体法、声学法及振动盘法等。

（1）毛细管法

毛细管黏度计（Capillary Viscometer）被广泛应用于流体液相黏度测量中，哈根-泊肃叶定律是毛细管黏度计工作的基本原理[47]。在理想状况下，小管径圆管中的流体做层流运动时，流体动力黏度的表达式为

$$\eta=\frac{\pi R^4\Delta p}{8VL}t \tag{1-1}$$

式中，η 为流体的动力黏度；R 为圆管半径；Δp 为圆管两端的压力差；t 为流动时间；V 为 t 时间内流经圆管的流体体积；L 为圆管长度。

式（1-1）为流体理想流动状况下获得的，在实际状态下，必须考虑流体在毛细管内流动过程中的动能损失及末端损失，此时，计算方程可修正为

$$\eta=\frac{\pi gh(\rho_1-\rho_v)R^4}{8V(L+nR)}t-\frac{m\rho_1 V}{8\pi(L+nR)t} \tag{1-2}$$

式中，ρ_1 为待测流体的液相密度；ρ_v 为待测流体的气相密度；h 为圆管内液体的高度；g 为重力加速度；n 为末端修正系数；m 为动能损失系数。

对于毛细管黏度计，使用绝对法测量流体的黏度比较困难，因此通常使用相对法进行测量。具体过程为：使用具有可靠黏度数据的流体来标定得到管黏度计的仪器常数，实验中通过测量待测流体经过毛细管的时间，即可计

算获得流体的运动黏度，结合待测流体的密度可计算出其动力黏度 η。

毛细管黏度计的结构简单、操作方便，适用于较宽的温度测量范围，且测量精度较高。目前，该方法主要用来测量液体的黏度。

2006 年，May 等人[48]利用 Ab Initio 算法的相关原理及石英毛细管流量计模型提出了双毛细管黏度计，并用该方案获得了氩气温度范围为 200～400K 时理想气体状态下的气相黏度。后来利用同样的方法测量了氢气、氙气以及甲烷温度范围为 200～400K 时理想气体的黏度[49]。近年来，河北大学与中国计量科学研究院基于相同的实验原理搭建了双毛细管黏度计实验平台，并测量了理想气体状态下 313～353K 温度范围内氩气的气相黏度[50]。毛细管黏度计测量精度较高，一般用于流体液相黏度的测量；双毛细管黏度计目前主要用于理想气体气相黏度的测量。

(2) 振动弦法

振动弦法是由 Tough 等人[51,52]于 1963 年首次提出，并测量了液态氦的黏度。振动弦黏度计(Vibrating-Wire Viscometer)的基本原理是一根无限长圆形金属丝在待测黏性流体中做与轴向垂直的振动，依据流体对金属丝振动的阻尼作用计算待测流体的黏度。振动弦黏度计的振动方式分为自由振动和受迫振动两种。振动弦法一般用于液相黏度的测量，近些年也有研究人员用其测量流体的气相黏度[53]。

(3) 落体法

物体由于重力在流体中下落时其运动速率与流体的黏度有关，根据这一原理测量流体黏度的方法称为落体法。该方法通过测量物体在待测流体中下落一段距离所需要的时间来确定流体的黏度，多用于测量液相黏度。根据落体形状不同，可分为落球式黏度计及圆柱落体式黏度计等。落球式黏度计又可细分为直落球、升球(或拉球)及滚落球式黏度计等；圆柱落体式黏度计可分为陷入式和套筒式两种。

落体法适用于牛顿流体的黏度测量，适用压力范围较宽，操作简单，其中落球式，尤其是滚落球式黏度计应用较为广泛。

落球式黏度计由 Stokes 于 1945 年提出，其假设小球在黏性流体中下落时满足以下条件：

① 流体为牛顿流体；

② 流体的范围无限大；

③ 小球是刚性的；

④ 小球与流体之间没有滑动；

⑤ 小球的运动速度非常小；

⑥ 小球的运动是匀速的。

假设小球的半径为 R，运动速度为 v，流体的密度为 ρ，动力黏度为 η，根据 Stokes 定律，流体作用于小球的黏性阻力为

$$F=6\pi Rv\eta \tag{1-3}$$

小球在流体中自由下落，当其重力、浮力及所受黏性力三者平衡时，小球做匀速运动，此时有

$$\eta=\frac{2gR^2(\rho_s-\rho)}{9v} \tag{1-4}$$

式中，g 为重力加速度；ρ_s为小球的密度。

考虑到实际因素的影响，且由 $v=L/t$，对式(1-4)进行修正可得

$$\eta=\frac{2gR^2(\rho_s-\rho)t}{9L}f_w \tag{1-5}$$

式中，t 为小球下落的时间；L 为小球下落的距离；f_w为容器壁面影响的修正系数。

f_w的修正方法有很多种，其中应用最广的是法克森修正式，形式为

$$f_w=1-2.104\frac{d}{D}+2.09\left(\frac{d}{D}\right)^3-0.95\left(\frac{d}{D}\right)^5 \tag{1-6}$$

式中，d 为小球直径；D 为容器直径。

落球式黏度计中 L 与 D 都是定值，因此式(1-5)可简化为

$$\eta=k(\rho_s-\rho)t \tag{1-7}$$

采用落球式黏度计进行绝对测量时，由于各因素的影响测量精度较低，因此经常采用相对法测量。对于确定的黏度计其 k 值是固定的，可用黏度已知的标准液体标定得到。测量流体黏度时只要确定小球在流体中下落的精确时间 t，代入式(1-7)即可计算出待测流体的黏度。

滚落球式黏度计是落球式黏度计的一种变形，测量原理与落球式黏度计相似。落球式黏度计构造简单，使用方便，但测量误差较大，一般用来测量黏度较大的液体。

(4) 声学法

1953 年 Greenspan 等人[54]提出了利用声学法测量流体的气相黏度，受当时科研条件所限，该方法测量的流体气相黏度偏差比较大。后来，Moldover

等人对声学法的理论进行了改进完善，研制出了新型的声学黏度计，改进后的实验装置精度得到一定提高，并测量了氮气、氩气、甲烷等的黏度[55,56]。

(5) 振动盘法

振动盘法与振动弦法都是利用振动的原理来测量流体的黏度。振动盘黏度计的结构为将一圆盘悬挂在一根金属丝下方，将振动盘置于黏性流体中，由于流体的黏性作用，振动盘将做周期固定、振幅逐渐衰减的简谐振动，通过测量振动的周期及衰减率来计算被测流体的黏度。其振动体为悬挂于金属丝下方的圆盘，厚度较小，需用固定盘来限制自然对流及温度不均匀引起的二次回流的影响。振动盘法可用于流体气相及液相黏度的测量，测量精度较高，20 世纪 60 年代以来振动盘法被广泛用来测量流体的气相黏度，是一种成熟可靠的方法。

除此之外，用来测量流体黏度的方法还有光学法、电磁法等。总的来看，毛细管法、落体法以及振动弦法适用于流体液相黏度的测量；双毛细管法目前主要用来测量计算理想气体的黏度；声学法及振动盘法适用于流体气相黏度的测量。振动盘气相黏度计具备完善的理论基础，测量精度较高，是被验证了的能够准确计算流体气相黏度的测量方法。因此本书选用振动盘气相黏度计对 HFC-161 的气相黏度进行实验研究。

原有黏度计虽然几经改进，但依然存在悬丝脱落、断裂等一些问题。针对原系统存在的诸多问题，需要重新构建振动系统，并对信号采集系统、控温系统进行改进，提升实验系统的稳定性以及测量结果的精确性。此外，对文献中提到的数据处理方法在气相区进行验证，并与原方法进行对比后选用合适的数据处理方法。在此基础上，可开展 HFC-161 的气相黏度实验研究，补充 HFC-161 气相黏度数据的空白。

2) 比定压热容研究方法的选择

比热容是流体的一种重要热力学性质，它表征单位质量流体在某一过程中，升高或降低单位温度所吸收或释放的热量。在比热容的研究过程中，已积累了很多方法，图 1-1 对比热容的研究方法进行了简明分类，可以看出流体比热容的研究方法分为两类：理论分析和实验研究。

理论分析主要包括统计热力学法和状态方程法两种方法。其中统计热力学的方法，是利用统计力学的原理，将流体的比热容作为相应微观量的统计平均值，然后推算出流体的比热容；状态方程法是根据流体的状态方程进行推算得到流体的比热容。通过实验研究获得流体比热容分为直接法和间接法

- 流体比热容研究方法
  - 理论分析
    - 统计热力学法
      - 微扰理论
      - 计算机模拟
    - 状态方程法
      - 基本理论方法
      - 对比态法
      - 热力循环法
  - 实验研究
    - 直接法
      - 冷却法
        - 热平衡型混合冷却法
        - 热传导型冷却法
        - 正常状态冷却法
      - 加热法
        - 绝热法
          - 定热量加热法(Nernst法)
          - 连续加热法(准稳态法)
        - 定常流加热法(流动型量热法)
        - 差热分析法(DTA)
        - 差示扫描量热法(DSC)
    - 间接法
      - 等熵膨胀法
      - 声速法
      - 焦耳–汤姆逊效应法

图 1–1　流体比热容研究方法

两类方法。直接法就是根据比热容的定义，在一定条件下，测量单位质量的流体在实验过程中变化单位温度吸收或释放的热量，这种方法精度较高。间接法则是通过测量流体其他的热物性参数，比如声速、焦汤系数等，然后进行数学推导计算获得流体的比热容。

相较于间接法，直接法更直观，其实验结果也相对准确。目前直接测量比定压热容常用的方法有流动型量热法、差热分析法(DTA)、差示扫描量热法(DSC)、绝热法、冷却法等，而近些年日本学者利用固体比热容测量的热弛豫法，成功测量了高压液体的比定压热容，但精度较差。下面对流体比定压热容测量常用方法进行简单介绍。

(1) 差热分析法(Differential Thermal Analysis，DTA)

该方法是测量试样(Sample)和参比物(Reference)之间的温度差与环境温度关系的技术，可用于测量物质的熔点、相变温度及玻璃转化温度等性质。

差热分析法起源较早，1887 年 Chatelier 提出了该方法；1899 年，Robers–Austen 用温差热电偶测量了试样以及参比物之间的温差；20 世纪 50 年代，Borsma 改进了温差热电偶的装配方法，将热电偶的结点嵌在两个中空的均温块空穴中，而将试样和参比物分别放入空穴，避免了热电偶和试样的直接接触。目前，差热分析法的适用温度范围为–180～2400℃，适用压力可达几百个大气压。

差热分析法的原理是当待测试样和参比物被给予相同热量时，由于二者性质不相同，因此，其温升状况不相同，通过测量两者的温差可分析出待测试样的性质。用 DTA 法测量比热容时，其原理如下。

在升温前，假设待测试样不发生反应及相变且无热效应时，试样的传热方程为

$$C_s \frac{dT_s}{dt}=h_T(T_w-T_s) \tag{1-8}$$

参比物的传热方程为

$$C_r \frac{dT_r}{dt}=h_T(T_w-T_r) \tag{1-9}$$

式中，C_s、C_r分别为待测试样及参比物的总热容；T_s、T_r分别为待测试样及参比物的温度；h_T为换热系数；T_w为环境温度。

当试样及参比物均处于准稳态时，则有

$$\frac{dT_w}{dt}=\frac{dT_s}{dt}=\frac{dT_r}{dt}=\phi \tag{1-10}$$

式中，ϕ 为 DTA 的升温速率。

结合式(1-8)~式(1-10)整理可得

$$\Delta T=\frac{C_s-C_r}{h_T}\frac{dT_w}{dt}=\frac{\Delta C}{h_T}\frac{dT_w}{dt} \tag{1-11}$$

加热炉以一定的速度开始加热时，因为热阻效应，待测试样与参比物的温升存在不同的滞后，因此，DTA 温升曲线经常会有一个弯曲段。经过一定时间后，试样与参比物开始以同样的速率升温，此时，DTA 曲线趋于平直。对于初始时刻的弯曲段，其解为

$$\Delta T=\frac{C_s-C_r}{h_T}\phi\left[1-\exp\left(1-\frac{h_T}{C_r}t\right)\right] \tag{1-12}$$

其边界条件为：$t=0$ 时，$\Delta T=0$；当 $t\to\infty$ 时，$(\Delta T)_a=\frac{C_s-C_r}{h_T}\phi$。

等压条件下进行实验时，待测端的总热容为

$$C_r=m_s c_p+C_0 \tag{1-13}$$

式中，m_s为试样的质量；c_p为试样的比定压热容；C_0为试样托盘的热容。

若以空盘为参比物时，试样的比定压热容为

$$c_p=\frac{h_T\cdot\Delta T}{m_s\phi} \tag{1-14}$$

由于 DTA 法仅能测量试样与参比物之间的温度关系，不能准确测量升温过程中的热流，因此，DTA 仅可以进行定性或者半定量的测量分析工作。

（2）差示扫描量热法（Differential Scanning Calorimetry，DSC）

该方法是测定输送到试样以及参比物中的热流量差或者功率差与温度或时间关系的方法，与 DTA 的测量原理相同，但是 DSC 可精确测量热流值，从而可以进行定量的分析工作。

20 世纪 60 年代，Waston 和 O'Neill 首先提出了 DSC 的概念，并且设计了相关仪器；随后美国的一家公司研制开发出 DSC 差示扫描量热仪。DSC 用途很多，可用于测量固体及液体的玻璃化转变、结晶温度、纯度、熔点、沸点等，因此广泛应用于化工、材料、食品加工等领域。

根据测量原理，DSC 可分为热流型和功率补偿型两种。

图 1-2 为热流型 DSC 结构示意图。热流型 DSC 的工作原理与 DTA 比较类似，其相异之处为在 DSC 中试样与参照物托架下设有康铜盘，热量通过康铜盘传递给试样及待测物质，加热器在程序控制下工作。同时在康铜盘上有热电偶，用来测量温度。在实验时，传入被测试样和参照物的热流之差可通过被测试样及参照物下的热电偶进行测量。

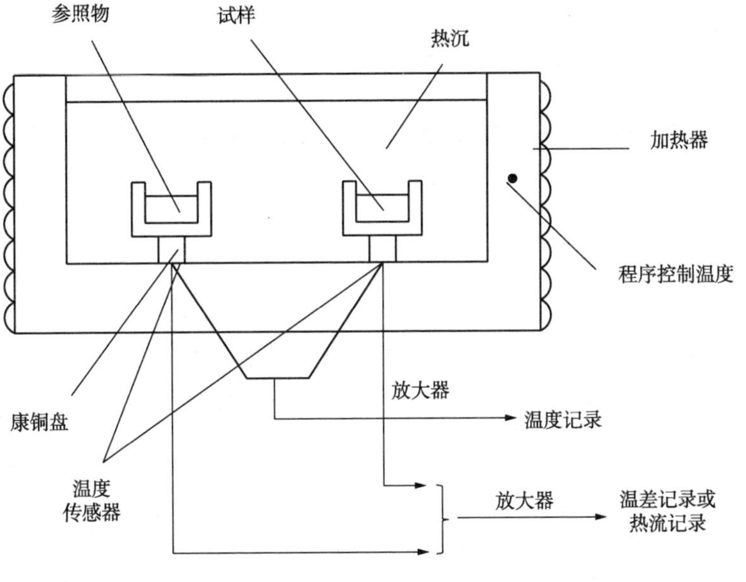

图 1-2　热流型 DSC 结构示意图

图 1-3 为功率补偿型 DSC 原理示意图。功率补偿型 DSC 的主要特点为：待测试样与参照物均具有独立的加热器以及温度传感器。装置由两套系统进行控制和监控，其中一套控制温度，使试样以及参照物按照预定的速率升温；另一套用来补偿待测试样与参照物之间的温差，通过功率补偿使二者间的温差 ΔT 为 0。

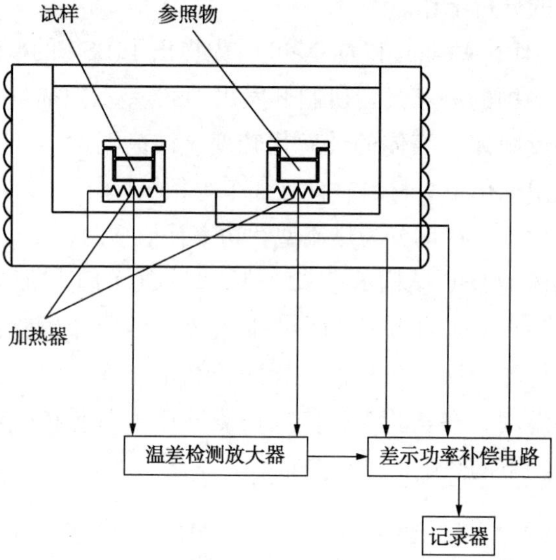

图 1-3　功率补偿型 DSC 原理示意图

在相同的实验条件下，可以分别测得待测试样及参照物的加热热流 F_s 及 F_r，各自的温升速率$(dT/dt)_s$及$(dT/dt)_r$，最终得到待测试样的比定压热容为

$$c_{p,s}=c_{p,r}\frac{m_r}{m_s}\frac{F_s}{F_r}\frac{(dT/dt)_r}{(dT/dt)_s} \tag{1-15}$$

功率补偿型 DSC 通过功率补偿使待测试样与参照物之间保持动平衡状态，即二者温差 ΔT 为 0。这是功率补偿型 DSC 与 DTA 根本的区别。热流型 DSC 要求被测试样和参照物之间的温差 ΔT 与二者之间的热流差成正比，其实质上属于定量型的 DTA。

（3）流动型量热法

该方法的基本原理为在定压条件下质量为 m 的流体流经一装有加热器的管路，经过加热器时流体吸收热量 Q 后温度升高 ΔT，则流体的比定压热容 c_p 为

$$c_p=\frac{Q}{m\cdot\Delta T} \tag{1-16}$$

流动型量热法为绝对测量法，适用温度压力范围宽，测量精度高，广泛应用于流体比定压热容的测量。量热器是流动型量热法测量流体比定压热容的核心部件，其结构示意图如图 1-4 所示，箭头方向为流体流动方向。量热器中需要选用高精度的温度计用来测量温度，保证实验结果的可靠性。图中温度计 1 用来测量进口处流体的温度 T_1，流体流经加热器吸收热量温度升高，温度计 2 用来测量出口处流体的温度 T_2。温度计及加热器的导线通过图中的引线出口引出接入采集仪表进行采集处理。

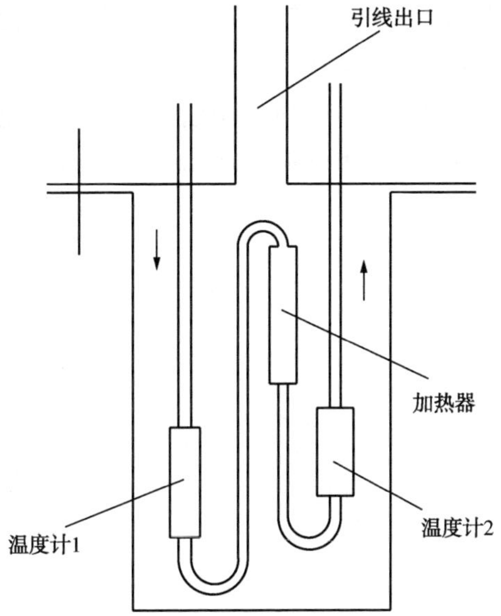

图 1-4　量热器结构示意图

综合来看，差示热分析法和差示扫描量热法为相对测量方法，参照物的选取对实验结果的精度有较大的影响，参照物物性的偏差会给实验结果造成累积误差；流动型量热法为绝对测量方法，是一种被验证了的能够准确测量流体比定压热容的方法。因此，本文选用流动型量热法并研制新的实验系统测量流体的比定压热容。在此基础上，扩展 HFC-161 液相比定压热容的温度与压力测量区间，并测量其气相比定压热容，为 HFC-161 的应用研究提供完善的比热容数据。

实验是获得制冷剂精确比定压热容最直接可靠的方式，但是实验往往需要耗费大量的人力物力，受实验方法和条件的限制，实验数据的范围同样受到限制。在缺乏实验数据时，通过理论计算的方法预测流体的比热容显得十分重要。因此，本书拟提出一个推算流体比定压热容的理论方程，并对 HFCs 类物质的比定压热容进行推算，以满足 HFCs 类物质推广应用的需求。

1.3 本章小结

随着臭氧层破坏和温室效应等环境问题日益严重，制冷剂作为广泛应用的工质，由于其对环境的破坏，国际社会对其生产和使用做出了严格限制，因此，发展新型环保制冷剂成了当务之急。HFCs 类物质由于其对臭氧层无破坏作用，是极具潜力的新型环保制冷剂。比热容和黏度作为流体重要的热物理性质，在制冷剂的研究、生产及应用中发挥着重要作用。本文通过对流体的黏度和比热容进行研究，获得精确的实验数据，为制冷剂的推广和应用提供数据支撑。

2 振动盘气相黏度计

黏度是流体重要的热物理性质，广泛应用于能源、化工及航天等领域，对研究流体流动过程中的阻力起着重要作用。相对于液相黏度，流体的气相黏度更小，测量更加困难。振动盘法具备完善的理论基础，是一种被证明了的具有较高测量精度的实验方法，本文选用振动盘法进行流体气相黏度的实验研究。

2.1 振动盘黏度计测量原理

2.1.1 黏度的定义

黏性是流体固有的属性，其实质是流体分子微观作用的宏观表现，即当流体内相邻质点或流层之间存在相对运动时，在其接触面上产生内摩擦力以阻碍其相对运动的本质，黏度就是黏性大小的程度。

如图 2-1 所示，假定厚度为 dy 的一个流体微元，其表面积为 A，当其上、下表面受到一组大小相等、方向相反的切应力 F 的作用时，此时流体上下面之间出现 du 的速度差，则该剪切力与速度梯度之间存在以下关系

$$F = \eta A \frac{\mathrm{d}u}{\mathrm{d}y} \tag{2-1}$$

式中，η 为流体动力黏度。

式(2-1)为牛顿内摩擦力定律的表达式，其适用于部分做定常层流流动的流体，将符合该定律的流体称为牛顿流体。当流体微元面积为 $1\mathrm{m}^2$，厚度为 1m，所加切应力为 1N，上、下表面相对速率为 $1\mathrm{m} \cdot \mathrm{s}^{-1}$ 时，流体的黏度为 $1\mathrm{Pa} \cdot \mathrm{s}$。

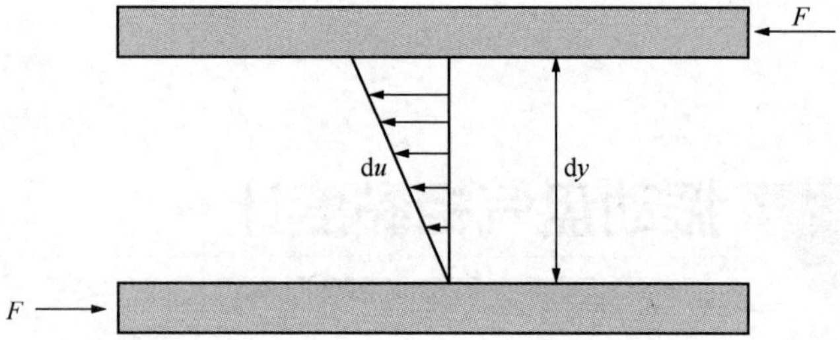

图 2-1　流体黏度示意图

2.1.2　振动盘黏度计的发展

利用振动法测量流体黏度的想法提出得很早，Kestin 等人在 20 世纪 60 年代已经进行了相关研究[57-59]。它的基本工作原理就是将一个振动体悬挂在一根悬丝下，并置于待测流体中，由于流体的黏性作用振动体将做周期不变振幅衰减的简谐振动，通过测量其振动周期以及振幅的衰减率，并结合流体的相关物性对所测数据进行处理即可计算获得流体的黏度。经过 Kestin 及 Azpeitia 等人的研究分析，最终确定形如图 2-2 的振动盘黏度计能够准确测量流体的气相黏度[60-64]，该形式的振动盘黏度计其结构为一个薄圆盘吊装在一根悬丝下方作为振动盘，振动盘位于两个固定盘中间，黏度计工作时，振动盘在固定盘中间随悬丝做振幅衰减的扭转振动。Kestin 等人利用该形式的振动盘黏度计测量了氩气、氮气、氢气及一些气体混合物等的气相黏度[65-70]。随着振动盘气相黏度计理论基础的完善以及实验测量技术的成熟，各国研究人员搭建了各自的振动盘黏度计实验系统。日本 Tohoku 大学的 Takahashi 等人搭建了振动盘黏度计并测量了 CFC－13、HFC－152a、乙烷、二氧化碳及一些气体混合物等的气相黏度[71-75]；德国 Rostock 大学的 Vogel 搭建了测试系统并测试了 HFC－134a、甲苯等的气相黏度[76-79]；美国 Maryland

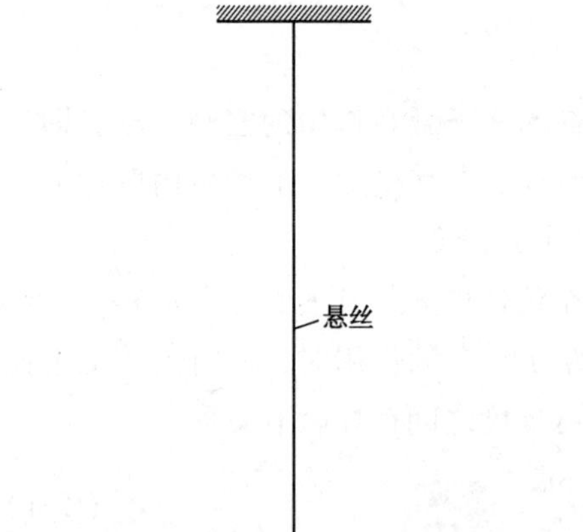

图 2-2　振动盘黏度计结构示意图

大学的 Sengers、德国的 Mayinger 等人都搭建了各自的实验系统并测量了多种物质的液相或气相黏度[80-83]。在国内，西安交通大学在 1997 年也搭建了一套振动盘气相黏度测试系统，并测量了 HFC-125、HFC-152a 以及一些制冷剂混合物等的气相黏度[84-88]。

Newell，王晓坡[60,89]等人对振动盘黏度计的工作原理已经做过详细介绍，本文将对振动盘黏度计的工作原理做简单介绍。

2.1.3 振动体的运动方程

对于图 2-2 形式的振动盘黏度计，振动盘悬挂于悬丝下方，当其在流体中做振幅衰减的扭转振动时，其振动微分方程为

$$I\omega_0\left[\frac{\mathrm{d}^2\alpha(\tau)}{\mathrm{d}\tau^2}+2\Delta_0\frac{\mathrm{d}\alpha(\tau)}{\mathrm{d}\tau}+(1+\Delta_0^2)\alpha(\tau)\right]=M(\tau) \tag{2-2}$$

式中，$\omega_0=2\pi/T_0$ 为振动系统在真空中的角频率，其中 T_0 为真空中振动体的振动周期；$\tau=\omega_0 t$ 为无量纲时间变量；$\alpha(\tau)$ 为振动体扭转的角位移；I 为悬挂体的转动惯量；$M(\tau)$ 为被测流体作用于振动系统的黏性阻力矩，真空中，$M(\tau)=0$；Δ_0 为黏度计真空中的对数衰减率。

该方程的初始边界条件为 $\begin{cases}\alpha(\tau)=\alpha_0\\ \dfrac{\mathrm{d}\alpha(\tau)}{\mathrm{d}\tau}=0 \qquad (\tau=0)\end{cases}$

对式(2-2)做形如 $\overline{f(s)}=\int_0^{\infty}\mathrm{e}^{-s\tau}f(\tau)\,\mathrm{d}\tau$ 的拉普拉斯变换可得

$$\frac{\overline{\alpha(s)}}{\alpha_0}=\frac{\overline{M(s)}/I\omega_0^2\alpha_0+s+2\Delta_0}{(s+\Delta_0)+1} \tag{2-3}$$

假如力矩 $\overline{M(s)}$ 已知，则可以计算出振动体的运动方程。下面从黏性流体运动的角度导出 $\overline{M(s)}$。

2.1.4 黏性流体运动方程

忽略振动盘周围轴向及径向的流动，由流体力学相关知识可知，表述不可压缩黏性流体运动的 N-S 方程可写为

$$\frac{\partial\vec{u}}{\partial t}+(\vec{u}\cdot\nabla)\vec{u}=-\frac{1}{\rho}\nabla p+v\,\nabla^2\vec{u} \tag{2-4}$$

式中，$\vec{u}$ 为流体的速度；p 为压力；ρ 为流体的密度；$v=\dfrac{\eta}{\rho}$为流体的运动黏度系数。

当振动体在黏性流体中做振幅衰减的扭转振动时，可以做以下假设：

(1) 假设流体运动时雷诺数较小，则黏性力占主导作用，平流项$(\vec{u}\cdot\nabla)\vec{u}$可以忽略；

(2) 假设振动体只在其本身平面内做扭转振动，对圆柱体坐标(r, z, ϕ)，流体仅在方位角 ϕ 的方向上有速度，并且其速度大小与方位角没有关系，即 $u=r\Omega(r, z, t)$。由此可知压力梯度$-\dfrac{1}{\rho}\nabla p$ 可忽略。

按上述简化整理后，方程变化为

$$\frac{\partial\Omega}{\partial t}=r\left(\frac{\partial^2\Omega}{\partial r^2}+\frac{\partial^2\Omega}{\partial z^2}+\frac{3}{r}\frac{\partial\Omega}{\partial r}\right) \tag{2-5}$$

式中，Ω 为方位角速度。

式(2-5)的边界条件为：在振动盘边界上及无穷远，$\Omega=\dfrac{\mathrm{d}\alpha}{\mathrm{d}t}=0$；初始条件为：当 $t=0$ 时，$\Omega=0$。

同时，定义 $\delta=(v/\omega_0)^{1/2}$为边界层平均厚度，定义 $\gamma=z/\delta$，$\zeta=r/\delta$ 及无量纲时间 $\tau=\omega_0 t$，并将其代入式(2-5)中可得

$$\frac{\partial\Omega}{\partial\tau}=r\left(\frac{\partial^2\Omega}{\partial\zeta^2}+\frac{\partial^2\Omega}{\partial\gamma^2}+\frac{3}{\zeta}\frac{\partial\Omega}{\partial\zeta}\right) \tag{2-6}$$

将式(2-6)进行拉普拉斯变换后可得

$$s\,\overline{\Omega}=\frac{\partial^2\overline{\Omega}}{\partial\zeta^2}+\frac{\partial^2\overline{\Omega}}{\partial\gamma^2}+\frac{3}{\zeta}\frac{\partial\overline{\Omega}}{\partial\zeta} \tag{2-7}$$

式(2-7)的边界条件为：$\overline{\Omega}=\int_0^{\infty}\mathrm{e}^{-s\tau}\omega_0\dfrac{\mathrm{d}\alpha}{\mathrm{d}\tau}\mathrm{d}\tau=-\omega_0\alpha_0+\omega_0 s\,\overline{\alpha(s)}$。

引入 $\overline{\Omega}$ 的无量纲量 $w(\zeta, \eta, s)=\dfrac{\overline{\Omega}}{-\omega_0\alpha_0+\omega_0 s\,\overline{\alpha(s)}}$，并代入式(2-7)可得

$$sw=\frac{\partial^2 w}{\partial\zeta^2}+\frac{\partial^2 w}{\partial\gamma^2}+\frac{3}{\zeta}\frac{\partial w}{\partial\zeta} \tag{2-8}$$

在振动盘的边界上有：$w(\zeta, \gamma, s)=1$。

假如 $w(\zeta, \eta, s)$可以解出，那么力矩$\overline{M(s)}$就可以由 $w(\zeta, \gamma, s)$的梯度

在整个振动体表面上积分求得。

在直角坐标系中，流体中的剪切应力的表达式为

$$\sigma'_{ij}=\rho v\left(\frac{\partial u_i}{\partial x_j}+\frac{\partial u_j}{\partial x_i}\right) \tag{2-9}$$

在柱体坐标系下，对速度 u_r，u_z，u_ϕ 分别求对 r，z，ϕ 的偏导数，可得 σ_{rr}，σ_{zz}，$\sigma_{\phi\phi}$，$\sigma_{\phi r}$，$\sigma_{\phi z}$，σ_{zr}。由于黏性流体作用在振动体单位面积 $\mathrm{d}S$ 上的阻力为 $-\mathrm{d}S\sum n_k\sigma'_{ik}$，$i$ 和 k 分别代表不同的方向，本文只考虑方位角 ϕ 方向。因此，振动体单位面积上受到的阻力为

$$\mathrm{d}f=-\mathrm{d}S(n_r\sigma'_{\phi r}+n_z\sigma'_{\phi z}) \tag{2-10}$$

由 $u_\phi=r\Omega$，$u_r=u_z=0$，可得

$$\sigma'_{\phi r}=\rho v\left(\frac{1}{r}\frac{\partial u_r}{\partial\phi}+\frac{\partial u_\phi}{\partial r}-\frac{u_\phi}{r}\right)=\rho vr\frac{\partial\Omega}{\partial r} \tag{2-11}$$

$$\sigma'_{\phi z}=\rho v\left(\frac{1}{r}\frac{\partial u_z}{\partial\phi}+\frac{\partial u_\phi}{\partial z}\right)=\rho vr\frac{\partial\Omega}{\partial z} \tag{2-12}$$

将以上两式带入式(2-10)，可得

$$\mathrm{d}f=-\mathrm{d}S\rho vr\left(n_r\frac{\partial\Omega}{\partial r}+n_z\frac{\partial\Omega}{\partial z}\right) \tag{2-13}$$

文中只考虑方位角方向，所以单位面积上的力矩为 $r\mathrm{d}f$，在整个物体上积分可得到力矩。利用 $r=\delta\zeta$，$z=\delta\gamma$，$\mathrm{d}S=\delta^2\mathrm{d}\sigma$，计算可得流体对振动体的阻力矩 $M(\tau)$ 为

$$M(\tau)=-\rho v\delta^3\iint_A\mathrm{d}\sigma\zeta^2\frac{\partial\Omega}{\partial n} \tag{2-14}$$

式中

$$\frac{\partial\Omega}{\partial n}=n_r\frac{\partial\Omega}{\partial\zeta}+n_z\frac{\partial\Omega}{\partial\gamma} \tag{2-15}$$

式中，A 为流体与振动盘的接触面；n 为 A 的法向向量，方向为从流体指向振动盘；$\mathrm{d}\sigma$ 为振动体面积变量的无量纲量。

将式(2-14)进行拉普拉斯变换可得

$$\overline{M(s)}=-\rho v\delta^3\iint_A\mathrm{d}\sigma\zeta^2\frac{\partial\overline{\Omega}}{\partial n}=-\rho v\delta^3\omega_0[s\overline{\alpha(s)}-\alpha_0]\iint_A\mathrm{d}\sigma\zeta^2\frac{\partial w}{\partial n} \tag{2-16}$$

如果振动体是半径为 R 的圆柱体，则在圆盘面上，$\mathrm{d}\sigma=2\pi\zeta\mathrm{d}\zeta$，在柱面上有，$\mathrm{d}\sigma=2\pi\zeta_0\mathrm{d}\gamma$，$\zeta_0=R/\delta$，在这种情况下，式(2-16)中的 $\partial/\partial n$ 对应式(2-15)

中的 $\partial/\partial\gamma$ 或 $\partial/\partial\zeta$。

将式(2-16)代入式(2-3)并整理后可得

$$\frac{\overline{\alpha(s)}}{\alpha_0}=\frac{1}{s}-\frac{1+\Delta_0^2}{s[(s+\Delta_0)^2+1+D(s)]} \tag{2-17}$$

$$D(s)=\frac{\rho\delta^5}{I}s\iint_A \mathrm{d}\sigma\zeta^2\frac{\partial w}{\partial n} \tag{2-18}$$

对式(2-17)进行反拉普拉斯变换可得

$$\frac{\alpha(\tau)}{\alpha_0}=\frac{1}{2\pi i}\int \mathrm{d}s\mathrm{e}^{s\tau}\left\{\frac{1}{s}-\frac{1+\Delta^2}{s[(s+\Delta_0)^2+1+D(s)]}\right\} \tag{2-19}$$

式中，Δ 为对数衰减率。

根据留数定理，积分值可由积分内的奇点确定，$s=0$ 为一奇点，此时 $D(s)=0$，假定另一奇点为 s_k，其值可从下式计算获得

$$(s_k+\Delta_0)^2+1+D(s_k)=0 \tag{2-20}$$

式中，s_k 为方程的解。

通过式(2-18)计算出 $D(s)$，代入式(2-20)可得其最终形式，从而解方程得到 s_k。

式(2-20)是基于振动体为圆柱体时得到的，一般情况下，此方程有多个解。如图 2-3 所示，本文研究的振动盘黏度计，其振动盘位于两个固定盘中间，此时可将圆柱体简化为薄圆盘处理，图中振动盘的半径为 R，其厚度为 $2d$，与两个固定盘之间的距离均为 b。首先将振动盘的无量纲半径定义为 $\zeta_0=R/\delta$，无量纲厚度定义为 $2\gamma_0=2d/\delta$，振动盘与固定盘之间的无量纲距离为 $\beta=b/\delta$。

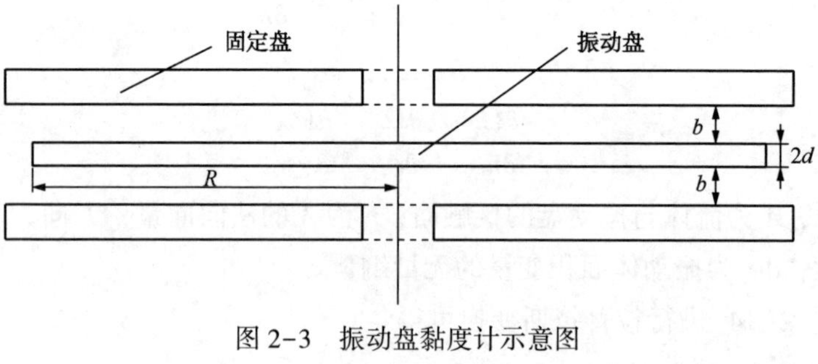

图 2-3 振动盘黏度计示意图

当只考虑振动盘盘面上流体的运动时，式(2-8)简化为

$$sw=\frac{\partial^2 w}{\partial\gamma^2} \tag{2-21}$$

其边界条件为：$w(0)=1$，$w(b)=0$。

方程的解为

$$w(\gamma)=\frac{\sinh[(\beta-\gamma)\sqrt{s}]}{\sinh[\beta\sqrt{s}]} \tag{2-22}$$

w 在振动盘盘面上的法向导数为

$$\left.\frac{\mathrm{d}w}{\mathrm{d}(-\gamma)}\right|_{\gamma=0}=\sqrt{s}\tanh(\beta\sqrt{s}) \tag{2-23}$$

代入式(2-18)可得

$$D_1(s)=2\frac{\rho\delta^5}{I}s^{\frac{3}{2}}\coth(\beta\sqrt{s})\int\zeta_0 2\pi\zeta^3\mathrm{d}\zeta=\pi\frac{\rho\delta^5}{I}\zeta_0^4 s^{\frac{3}{2}}\coth(\beta\sqrt{s}) \tag{2-24}$$

式中，系数 2 表示考虑了振动盘上下两个盘面上的影响；$D_1(s)$ 为在两个无限大的平行平面之间，流体流过振动盘上下两个盘面时的牵引力(忽略振动盘的边缘效应)。

当只考虑圆柱体柱面上流体的运动时，有：

$$sw=\frac{\partial^2 w}{\partial\zeta^2}+\frac{3}{\zeta}\frac{\partial w}{\partial\zeta} \tag{2-25}$$

式(2-25)的边界条件为：$w(\zeta_0)=1$，$w(\infty)=0$。

令 $x=\sqrt{s}\zeta$，$w(\zeta)=f(x)/x$，则式(2-25)变为

$$x^2\frac{\mathrm{d}^2 f}{\mathrm{d}x^2}+x\frac{\mathrm{d}f}{\mathrm{d}x}-(x^2+1)f=0 \tag{2-26}$$

式(2-25)、式(2-26)的解可用一阶修正的贝塞尔函数 $K_1(x)$ 来表示

$$w(\zeta)=\frac{\zeta_0 K_1(\zeta\sqrt{s})}{\zeta K_1(\zeta_0\sqrt{s})} \tag{2-27}$$

根据贝塞尔函数的递推关系可知

$$\frac{\mathrm{d}}{\mathrm{d}x}\left[\frac{1}{x}K_1(x)\right]=-\frac{K_2(x)}{x} \tag{2-28}$$

振动盘表面 w 的内法向导数为

$$\left.\frac{\mathrm{d}w}{\mathrm{d}(-\zeta)}\right|_{\zeta=\zeta_0}=\sqrt{s}\frac{K_2(\zeta_0\sqrt{s})}{K_1(\zeta_0\sqrt{s})} \tag{2-29}$$

由此可得，当圆柱体无限大时，其柱面上的黏性阻力矩为

$$D_2(s)=\pi\frac{\rho\delta^5}{I}\zeta_0^4\frac{4\gamma_0}{\zeta_0}s^{\frac{3}{2}}\frac{K_2(\zeta_0\sqrt{s})}{K_1(\zeta_0\sqrt{s})} \tag{2-30}$$

对于薄圆盘，其半径远大于流体边界层的厚度，即 $\zeta_0 = R/\delta \gg 1$，则

$$\frac{K_2(\zeta_0\sqrt{s})}{K_1(\zeta_0\sqrt{s})} = 1+\frac{3}{2\zeta_0\sqrt{s}}+\frac{3}{8\zeta_0^2 s}+O(\zeta_0^{-3}) \tag{2-31}$$

至此，对于形如图 2-3 所示的振动盘黏度计，对其振动盘盘面上和柱面上流体的黏性运动都进行了分析，由此可以推导出振动盘黏度计的工作方程。

2.1.5 振动盘黏度计的工作方程

通过以上可知，振动盘黏度计的黏性阻力矩 $D(s)$ 为

$$\begin{aligned} D(s) &= D_1(s)+D_2(s) \\ &= \frac{\rho s}{\bar{\rho} h} s^{\frac{3}{2}}\left[\coth\left(\frac{\beta}{\delta}\sqrt{s}\right)+\frac{4b}{R}\frac{K_2(\zeta_0\sqrt{s})}{K_1(\zeta_0\sqrt{s})}\right] \\ &= \frac{\rho s}{\bar{\rho} h}\left[\coth\left(\frac{\beta}{\delta}\sqrt{s}\right)s^{\frac{3}{2}}+\frac{4h}{R}\left(s^{\frac{3}{2}}+\frac{3s}{2\zeta_0}+\frac{3s^{\frac{1}{2}}}{8\zeta_0^2}\right)\right] \end{aligned} \tag{2-32}$$

式中

$$s=\frac{i-\Delta}{\theta}\ \theta=T/T_0 \tag{2-33}$$

式中，T 为振动盘在流体中的振动周期；T_0 为真空中的振动周期。

如将式(2-33)代入式(2-32)将会得到一个复数表达式，为了便于计算，Kestin[58] 对式(2-32)中的变量进行了定义

$$s^{\frac{1}{2}}=x+iy \tag{2-34}$$

式中：$x=\left\{\frac{1}{2\theta}\left[(\Delta^2+1)^{\frac{1}{2}}-\Delta\right]\right\}^{\frac{1}{2}}$，$y=\frac{1}{2x\theta}$。

$$s^{\frac{3}{2}}=-H_2+iH_1 \tag{2-35}$$

式中：$H_1=\frac{3x}{2\theta}-\frac{1}{8x^3\theta^3}$，$H_2=\frac{3}{4x\theta^2}-x^3$。

$$\coth(r_0\sqrt{s})=K_2-iK_1 \tag{2-36}$$

式中：$K_1=\frac{\sin Y}{\cosh X-\cos Y}$；$K_2=\frac{\sinh X}{\cosh X-\cos Y}$。其中 $X=2\beta x$；$Y=\frac{\beta}{x\theta}$。

由以上可得，式(2-32)中的 $D(s)$ 实部和虚部分别为

$$\mathrm{Re}[D(s)]=\frac{\pi\rho R^4\delta}{I}\left[H_2K_2-H_1K_1+\frac{2d}{R}\left(H_2+\frac{3\delta\Delta}{2R\theta}-\frac{3\delta^2 x}{8R^2}\right)\right] \tag{2-37}$$

$$\mathrm{Im}[D(s)]=\frac{\pi\rho R^4\delta}{I}\left[H_1K_2+H_2K_1+\frac{2d}{R}\left(H_1+\frac{3\delta\Delta}{2R\theta}+\frac{3\delta^2}{16R^2\theta x}\right)\right] \tag{2-38}$$

由式(2-20)可以得到 $D(s)$ 实部和虚部分别为

$$\mathrm{Re}[D(s)]=\left(\frac{\Delta}{\theta}-\Delta_0\right)^2+1-\frac{1}{\theta^2} \tag{2-39}$$

$$\mathrm{Im}[D(s)]=\frac{2}{\theta}\left(\frac{\Delta}{\theta}-\Delta_0\right) \tag{2-40}$$

由式(2-37)、式(2-39)可以得到振动盘黏度计运行的实部方程为

$$\left(\frac{\Delta}{\theta}-\Delta_0\right)^2+1-\frac{1}{\theta^2}=\frac{\pi\rho R^4\delta}{I}\left[H_2K_2-H_1K_1+\frac{2d}{R}\left(H_2+\frac{3\delta\Delta}{2R\theta}-\frac{3\delta^2x}{8R^2}\right)\right] \tag{2-41}$$

由式(2-38)、式(2-40)可以得到振动盘黏度计运行的虚部方程为

$$\frac{2}{\theta}\left(\frac{\Delta}{\theta}-\Delta_0\right)=\frac{\pi\rho R^4\delta}{I}\left[H_1K_2+H_2K_1+\frac{2d}{R}\left(H_1+\frac{3\delta\Delta}{2R\theta}+\frac{3\delta^2}{16R^2\theta x}\right)\right] \tag{2-42}$$

式(2-41)、式(2-42)中无量纲时间 θ 和对数衰减率 Δ 可以通过实验测得；流体的气相密度 ρ 由其 pVT 性质获得。通过以上两个方程进行迭代都可以计算出待测流体的边界层厚度 δ。由 $\delta=(v/\omega_0)^{1/2}$ 可以推算出流体的气相黏度

$$\eta=\frac{2\pi\rho\delta^2}{T_0} \tag{2-43}$$

理论上，单独使用式(2-41)和(2-42)都可以计算出待测流体的气相黏度。由于在实际测量过程中，对振动盘系统的振动周期 T 与对数衰减率 Δ 的测量都存在一定误差，而实部和虚部方程对 T 和 Δ 误差的敏感程度并不一样，会对实验结果造成一定影响。王文[86]经过分析后发现，采用虚部方程计算时 T 和 Δ 的误差对测量结果影响较小。因此，使用振动盘黏度计测量流体气相黏度时一般采用虚部方程作为其工作方程。

由于在推导过程中，只考虑了振动盘盘面和柱面上流体的黏性作用，但实际上还有其他一些因素并没有考虑进去，比如盘的边缘效应等。为了修正这些因素，本文采用了相对测量的方法[65,90]，即先用有可靠黏度实验数据的气体对实验系统进行标定，再对其他流体的气相黏度展开测量，具体过程在后文实验中有详细描述。

此外，实验装置中的悬挂柱、玻璃镜片、螺钉、夹子等附属部件在实验过程中都会对振动周期及对数衰减率产生一定的影响，从而影响最终的实验结果。王军荣等人[91]对这些影响进行了详细的分析后，发现这些因素对最终

的测量结果影响不是很大，在采用相对测量时可随边缘效应等一起进行修正。修正后的虚部方程可以用以下公式表达

$$\frac{2}{\theta}\left(\frac{\Delta}{\theta}-\Delta_0\right)=C\frac{\pi\rho R^4\delta}{I}\left[H_1K_2+H_2K_1+\frac{2d}{R}\left(H_1+\frac{3\delta\Delta}{2R\theta}+\frac{3\delta^2}{16R^2\theta x}\right)\right] \tag{2-44}$$

式中，C 为修正系数，是关于流体边界层厚度 δ 的函数，通过标定获得。

2.2 振动盘气相黏度计实验系统

国内第一台振动盘黏度计实验系统于20世纪90年代搭建，是国内仅有的流体气相黏度实验测量系统。受时代条件所限，实验系统的自动化程度与测量结果的精度都不高[85]。后来在原有本体上改进了振动盘黏度计实验系统，并且提高了整个实验系统的自动化程度和测量精度，但改进后仍然存在一些问题，比如悬丝经常断裂、脱落；非可视化的数据采集系统导致实验效率较低等。为了进一步提升实验系统的稳定性与可靠性，并使流体气相黏度的测量精度得到提高，本书在原有基础上对实验系统进行了改进，解决了原实验系统中悬丝在实验过程中经常断裂、脱落等问题。具体措施有：提出了新的悬丝热处理方法以及改善了丝的装配方式使整个悬挂系统在运行过程中更加稳定；采用新的石英玻璃制作的振动盘、固定盘及定位部件构建了悬挂系统；改变了实验本体的加热模式，使本体中温度更加均匀稳定；更换了原有的信号采集系统，新的系统使用更加简单方便，提升了实验效率。

2.2.1 实验本体

振动盘气相黏度计的实验本体是实验系统的核心部件，其关键组成为壳体和悬挂系统等，如图2-4所示。本体材料为0Cr18Ni9Ti，通过滚动轴承固定在基座上，基座固定在水平实验台面上，并且通过三个调节螺栓使振动系统处于水平位置(即振动盘盘面与固定盘盘面平行)。实验本体的核心为悬挂系统，示意图如图2-4本体内部所示，实物如图2-5所示，主要组成部分有：悬丝4、固定盘6和8、振动盘7、悬柱及反射镜片9和相关的定位及连接部件等。

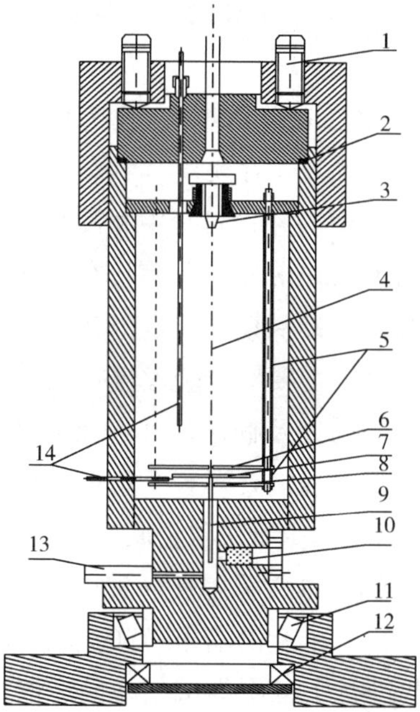

图 2-4　振动盘黏度计本体示意图

1—紧固螺栓；2—密封垫片；3—悬丝夹具；4—悬丝；
5—定位套管；6、8—固定盘；7—振动盘；
9—悬柱及反射镜片；10—石英观察窗；11、12—轴承；
13—外接管路及转动手柄；14—铂电阻温度计

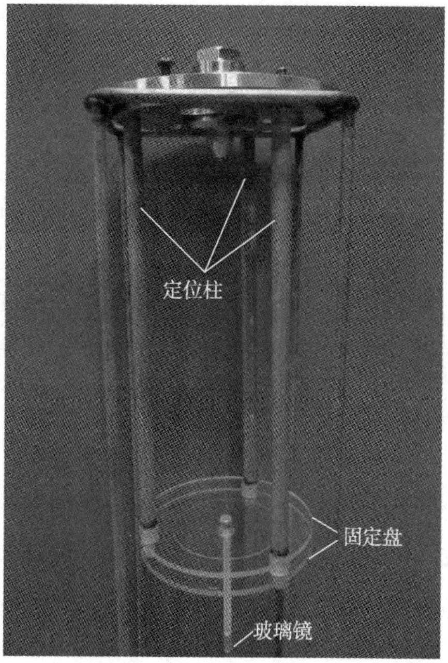

图 2-5　悬挂系统实物图

振动盘气相黏度计的可靠性及稳定性取决于悬挂系统的性能，原有实验系统的悬挂部件存在很多问题：悬挂系统中悬丝去应力退火后，悬丝的强度和韧性存在问题，导致实验过程中经常出现断裂现象，悬丝较细难以固定，容易从夹具中脱落；固定盘采用不锈钢做成，厚度均匀性较差，导致两个固定盘之间的距离不均匀，使振动盘与两个固定盘之间的距离不相等，这些问题使得整个悬挂系统的可靠性与精准度较差，从而影响了整个实验系统的性能。为了解决以上问题，本文对悬挂系统的主要部件均进行了改进，构建了新的悬挂系统。

由于悬挂系统的精密程度直接决定着振动盘气相黏度计的稳定性与可靠性，因此，对悬挂系统中的各部件的性能都有特殊的要求。悬挂系统中悬丝的性能直接决定了测量过程中周期及对数衰减率的稳定性，进而影响气相黏度的测量精度。因此，要求悬丝必须具备较小的内阻尼与长期的稳定弹性。Kestin 等人[58,90]通过研究发现有两种材料的丝满足以上要求：一种为石英丝，一种为铂钨合金金属丝。

本文采用铂钨合金金属丝(Pt92W8，Goodfellow 公司提供)作为悬丝，该合金丝具有弹性与韧性较好、化学性质稳定的优点，在实验时不会与工质发生反应，合金丝的名义直径为 0.05mm。由于该丝在生产过程中并没有进行再处理，其内部存在一定的初始剪切应力(Initial Shear Stress)，直接在悬挂系统中使用时，初始剪切应力的存在导致振动盘的振动周期不稳定，并且很难静止下来。为了保证悬挂系统的稳定性与可靠性，需要对合金丝进行去应力退火，尽可能地消除初始剪切应力，同时保证其强度及韧性。由于合金丝非常细，轻微的氧化将会导致其断裂。因此，在退火前需要对合金丝进行真空封装，具体过程为：将合金丝放入石英管内，并放入少量块状金属钛(防止退火过程中合金丝先被氧化)，然后对石英管抽真空(本文采用真空泵和分子泵两级系统对石英管抽真空)，最后进行封装。由于没有相关的文献提供 Pt92W8 合金丝去应力退火的工艺，本书共进行了三次尝试，并最终取得了合理的合金丝热处理方法，处理方法和结果列于表 2-1 中。第一种方案是根据铂电阻温度计铂丝的热处理方法进行处理，其退火工艺为随炉加热到 650℃保持 3h 后随炉冷却，经处理合金丝依然存在较大的初始剪切应力，其强度与韧性虽然较好，但是用于悬挂系统时，振动周期不稳定，与未进行热处理的合金丝性能相近。第二种方案为原实验系统中合金丝的处理方法，随炉加热到 850℃并保持 90h，经处理合金丝发生了脆化，其强度与韧性均大幅度下降，这也表明了原实验系统中丝出现断裂的原因。第三种方案参考了 Loginov 等人[92]用不同温度处理纯铂丝的方法，总结出铂丝中初始剪切应力随时间的变化规律，得出纯铂丝在 900℃时保持 3h，其初始剪切应力达到稳定并趋近于 0。由于本文所用铂钨合金丝中铂的质量分数达到了 92%，因此将合金丝按纯铂丝处理。按该方法处理后，发现合金丝没有发生脆化，并且强度与韧性良好，且其初始剪切应力基本消除，表现为在悬挂系统中，振动盘振动周期稳定，且振动盘在静止时不会出现轻微的波动，满足黏度计对悬丝的要求。

表 2-1　合金丝的热处理方法及结果

序号	方法来源	热处理方法	结果
1	根据铂电阻温度计铂丝的热处理方法	随炉加热到 650℃，保持 3h，然后随炉冷却	悬挂系统的振动周期不稳定
2	原有方法	随炉加热到 850℃，保持 90h，然后随炉冷却	丝发生了脆化
3	由于合金丝的主要成分为铂，根据 Loginov 等人对铂丝的处理方法	随炉加热到 900℃，保持 3h，然后随炉冷却	悬挂系统的周期和衰减率稳定

此外，悬挂系统中振动盘的平行度与光滑度也直接决定着实验系统的稳定性与测量结果的精确性。文中采用石英玻璃制作了振动盘，盘上下两个面的平行度与光滑度较高，并且不容易变形。本文所采用的石英玻璃其 SiO_2 质量分数大于 99.99%，无气泡。振动盘的半径为 35.00mm，厚度为 1.02mm，上下表面的平行度在 20″以内。由于原悬挂系统中的不锈钢固定盘盘面平整度较差且厚度不均匀，为了保证振动盘与固定盘之间的距离均匀，将原有的不锈钢固定盘更换为石英玻璃固定盘，固定盘的上下表面平行度在 30″以内，同时上下固定盘之间的定位套筒也采用石英玻璃制作，保证两个固定盘之间的距离保持恒定。在装配过程中，要严格保证振动盘位于上下两个固定盘中间位置，在确定振动盘位置时，本文采用了 CGY-65 型测高仪来测量固定盘与振动盘之间的距离。

除了上述组成部件之外，悬挂系统中还包括其他的连接部件：固定玻璃镜片(用于反射激光信号)、振动盘以及悬丝一端的铝合金悬柱，固定悬丝另一端的夹子。为了减轻整个振动盘系统的重量，文中使用了重量较轻的铝合金悬柱连接振动盘与反射玻璃镜片，减少了合金丝断裂的风险。另外由于合金丝较细，其固定非常困难，在实验过程中容易从夹具或铝合金柱中脱落，降低实验效率。为了改善合金丝的连接固定状况，先将合金丝穿过外径为 0.23mm 的诺和针头(注射胰岛素用)，然后将针头夹扁，保证合金丝不会从针头中脱落，最后用高温无机胶(实验过程中不会有气体挥发)将针头固定在铝合金悬柱及悬挂系统上端的夹具上，保证在实验过程中悬丝不会脱落，提升了实验系统的可靠性。悬挂系统中各部件的尺寸参数以及工作方程中的相关参数列于表 2-2 中。

表 2-2　振动盘黏度计悬挂系统及工作方程相关参数

振动盘半径 R/mm	35	振动盘厚度 $2d$/mm	1.04
铂钨合金丝长度 l/mm	235	铂钨合金丝直径 D/mm	0.05
悬挂系统质量 m_1/g	23.2276	振动盘质量 m_2/g	9.3645
两个固定盘间距 L/mm	7.94	上固定盘和振动盘距离 b/mm	3.45
下固定盘和振动盘距离 b/mm	3.45	悬挂系统转动惯量 $I/(\mathrm{g \cdot cm^2})$	53.8
真空衰减率 Δ_0	0.00005*	真空振动周期 T_0/s	26.6991*

* 代表在 20℃ 时真空下测得的黏度计的振动周期和对数衰减率。

总体来看，本文提出了新的悬丝热处理方法，改善了悬丝的固定方式，解决了悬丝断裂、脱落的问题，重新构建了黏度计的振动系统，提升了振动系统的稳定性与可靠性，完成了黏度计本体的改进工作，为搭建完善的实验系统奠定了基础。

2.2.2　振动盘气相黏度实验系统

振动盘黏度计本体为整个实验系统的核心部分，它与其他部件共同构成了振动盘黏度计实验系统。图 2-6 为改进后振动盘气相黏度实验系统的示意图，图 2-7 为实验系统的实物，改进后的实验系统由实验本体(壳体与悬挂系统)、温度控制系统、温度测量系统、压力测量系统、信号采集系统、相应的连接管路、阀门以及测量线路等构成。实验系统的构成及其工作原理将在下文进行详细讲述。

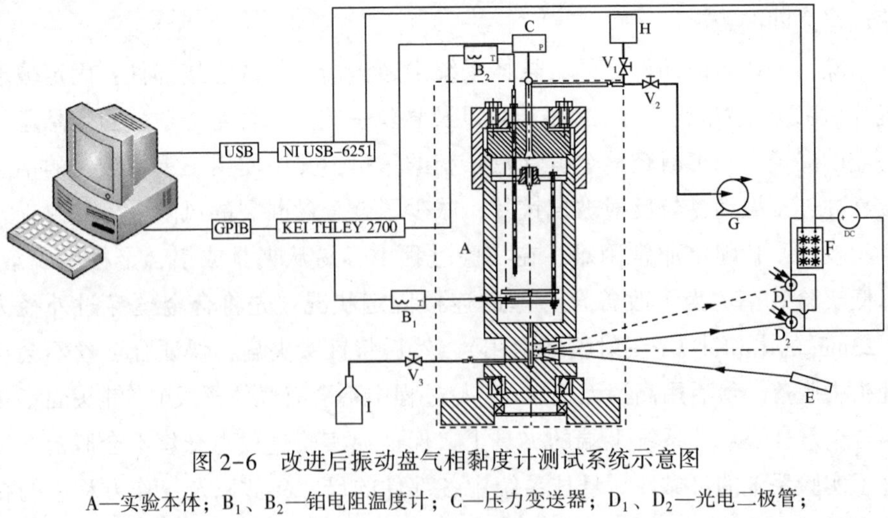

图 2-6　改进后振动盘气相黏度计测试系统示意图

A—实验本体；B_1、B_2—铂电阻温度计；C—压力变送器；D_1、D_2—光电二极管；

E—激光器；F—可变电阻箱；G—真空泵；H—试样瓶；I—废气瓶；V_1 ~ V_3—阀门

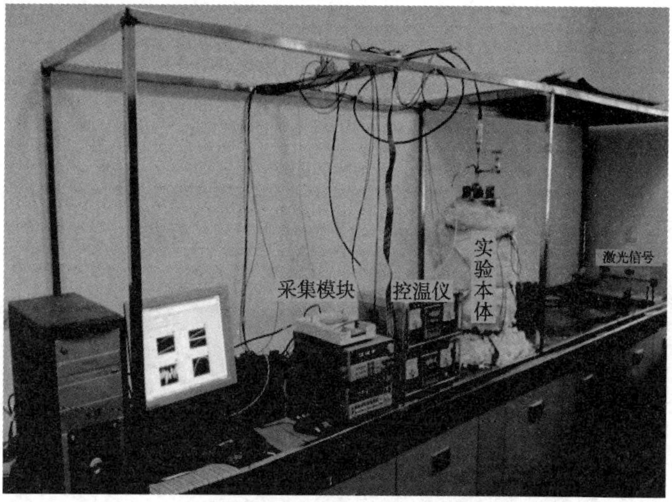

图 2-7　实验系统实物照片

1）温度控制系统

由于振动盘黏度计实验本体较大，并且在测量过程中需要手动起振，所以其本体不适合放在恒温槽中。本文将振动盘黏度计的实验本体固定在水平实验台面上，并采用电加热的方式来升高与保持温度，在电加热带的外部裹有硅酸铝棉用于保温。为了保证温度的均匀性以及考虑到底部散热问题，文中使用了两根加热带对本体及其底部分别进行加热。

为了控制加热功率，保证实验过程中本体内温度的稳定与均匀，使用了两台高精度移相触发自动控温仪分别控制两根加热带的加热功率，控温仪的温度反馈信号来自紧贴本体外壁面固定的两根铂电阻温度计。控温的目标是使实验本体内部温度均匀且稳定，将温度的波动控制在 10mK · 15min^{-1}以内，认为温度的均匀性满足实验要求，达到减小本体内流体对流的目的，保证实验结果的准确。

2）温度与压力测量系统

温度与压力测量系统均由传感器、Keithley 2700 数字万用表、直流电源表以及计算机组成。本文采用的温度传感器为标定过的铂电阻温度计，其不确定度为 50mK。实验系统中用到两支温度计 B_1和 B_2(图 2-6)，温度计 B_1位于本体中部，温度计 B_2位于固定盘之间，靠近振动盘处。实验中，以位于固定盘之间的温度计 B_2测量的温度为实验状态点的温度。实验系统中使用压力变送器 C 测量压力，其量程为 0～6MPa，其测量精度为 0.1%FS，不确定度为

6kPa。压力变送器输出 4~20mA 的直流信号，在其量程内压力与电流值呈线性对应关系。铂电阻温度计和压力变送器的电压信号经 Keithley2700 数字万用表采集后通过 GPIB 接口导入计算机。采集程序基于 LabView 程序编制而成，温度与压力的采集界面如图 2-8 所示。

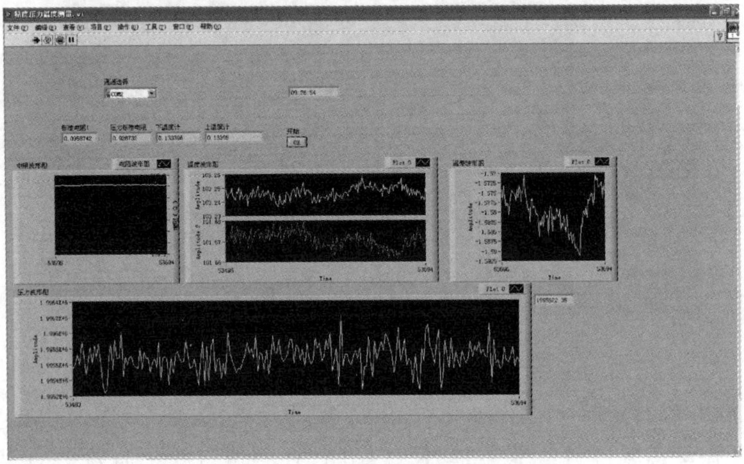

图 2-8　温度与压力采集软件界面

在测量流体气相黏度时，温度与压力的波动对实验结果具有很大影响。在实验前需要对本体内部温度与压力的波动程度进行观测，当其波动满足实验要求后方可进行实验。如图 2-8 所示，在温度为 101.7℃时，15min 内温度的波动在 10mK 以内，认为温度的均匀性满足实验要求，压力的波动小于 0.6kPa，认为此状态满足实验要求。

3）信号采集系统

信号采集系统作用为采集实验过程中的激光信号，用以计算黏度计的振动周期以及对数衰减率，进而计算流体在该状态下的气相黏度，因此，信号采集系统的性能直接决定测量结果的精确与否。图 2-9 为信号采集系统示意图。在振动盘黏度计实验系统中，本体内部振动盘下方的铝合金悬柱（图 2-4 中 9）上安装有玻璃反射镜片（图 2-9 中 8），用于反射外部射进来的激光，本体外放置了两个光电二极管（图 2-9 中的 6 和 7），用于记录反射光扫过光电二极管的时刻。

实验系统中所采用的激光器（图 2-9 中 5）为功率 20mW 的红光激光器。光电二极管具有体积小、响应快、稳定性好等优点，本文选用 2CU2C 型光电二极管采集激光信号，实验系统中两个光电二极管均处于反向偏置状态，该

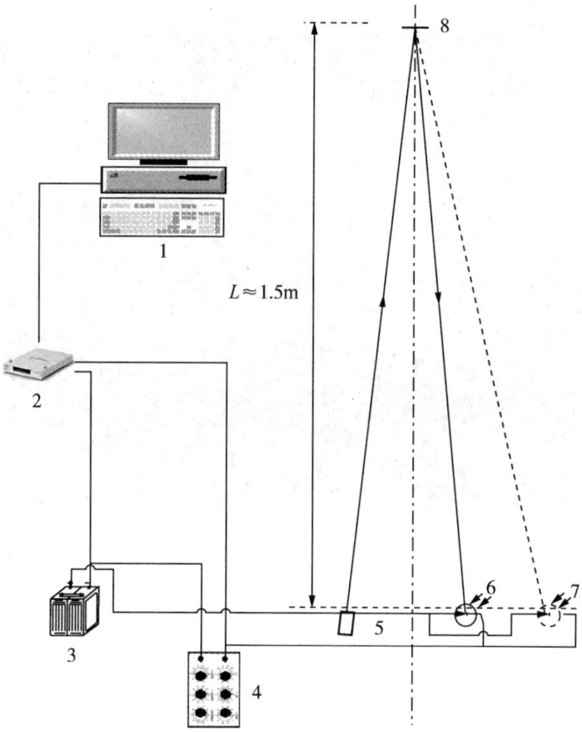

图 2-9　信号采集系统示意图

1—计算机；2—USB-6251 采集器；3—直流电源；4—电阻箱；5—激光器；
6、7—光电二极管；8—玻璃镜片

状态下光电二极管受到光照接通，电路中产生电流信号，将光电二极管同可变电阻箱(图 2-9 中 4)串联，通过测量电阻箱两端的电压即可计算判断出电路中电流的大小，从而确定光电二极管上各个时刻的光信号强度。为了更好地确定光信号的最大值和反射光经过二极管的精确时刻，光电二极管被置于带小孔的直板后边。当振动盘处于平衡位置时，玻璃镜片(图 2-9 中 4)的反射光正好处于光电二极管(图 2-9 中 4)上。由于在实验过程中，反射光扫过光电二极管的时间非常短，因此需要对光电二极管产生的电流信号进行高速采集。本文选取了 NI 公司生产的 USB-6251 数据采集模块(图 2-9 中 4)来采集电阻箱两端的电压信号，其最高采集速率为 204.8kS · s^{-1}，本文设定的采集速率为 10kS · s^{-1}。数据采集软件界面及采集图像如图 2-10 所示，与原实验系统相比，该软件采集到的数据能够以图像的方式直接显示出来，可以直观地判断信号是否满足采集要求，提升了实验效率。同时，采集到的电压数据能够以表格形式存储，便于后续处理。

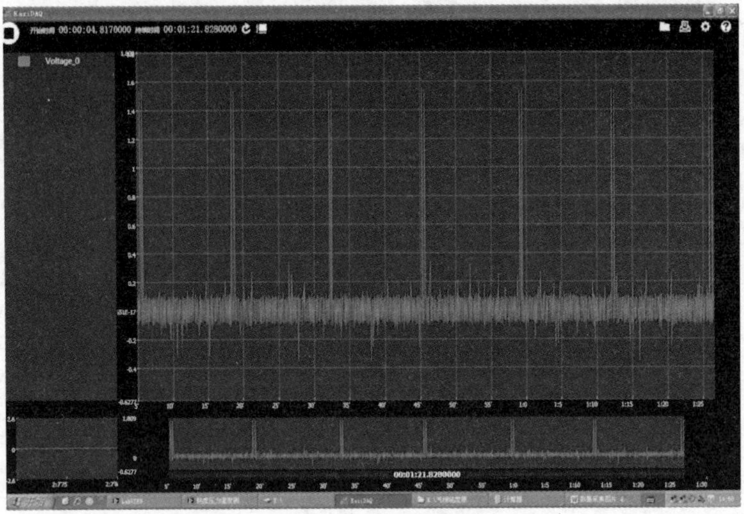

图 2-10　数据采集软件界面及采集图像

2.3　实验过程

2.3.1　实验装置的清洗

为了保证在实验过程中待测流体不被杂质污染，在装配前需要对实验本体及悬挂系统的部件等进行清洗。清洗实验本体时首先使用洗洁精溶液清除实验本体内部的油污等杂质，然后用清水将洗洁精冲洗干净，之后再用丙酮对本体内部冲洗三次，最后用蒸馏水将本体内部冲洗干净，晾干后使用。对于悬挂系统，在装配前，应将各部件放入洗洁精溶液中使用超声波清洗仪进行清洗，之后用清水将洗洁精溶液冲洗干净，然后放入丙酮中使用超声波清洗仪对各部件再次进行清洗，最后用蒸馏水冲洗后烘干。在悬挂系统的组装过程中，由于铂钨合金悬丝容易断裂，要轻拿轻放，同时保证振动盘、固定盘等易碎物品的完好。

2.3.2　待测流体的充灌

由于制冷剂在生产过程中有润滑油混入，为了使充灌进入实验本体中试样的杂质尽可能少，保证待测试样的纯度，在充灌前，需要先对待测流体进行蒸馏即气相收集。图 2-11 为待测流体气相收集示意图，在收集试样前，将整个系统按图 2-11 连接起来。确定整个系统气密性良好之后，首先将阀门 V_2、V_4打开，对试样收集罐 B 抽真空。然后将阀门 V_4关闭，打开液氮罐 A 的阀门 V_1，向 B 所在容器中充灌液氮，之后打开阀门 V_3，使待测流体以气相状态流入试样收集罐 B 中。待试样收集完毕后，将阀门 V_2、V_3关闭，将试样收集罐从管路上取下，试样收集过程结束。

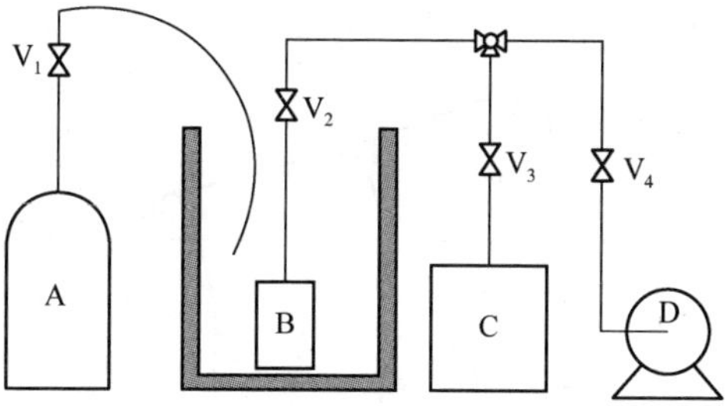

图 2-11　待测样品收集系统示意图

A—液氮罐；B—试样收集罐；C—待测流体罐；D—真空泵；

V_1、V_2、V_3、V_4—阀门

在充灌试样前，需要对实验本体及相关管路抽真空，之后将少量试样充入本体，放置 10~15min 后再次对本体抽真空，然后向本体灌入适量的试样，采用这种方式保证了试样的纯度，增加了实验结果的可靠性。试样充灌完毕后，打开加热器将实验本体加热到预定温度。达到预定温度后，如果在石英观察窗(图 2-4 中 10)处有液相试样出现，则放气阀打开，放出少量试样，直到本体内压力降至稍低于设定温度下的饱和压力为止，此时认为待测试样已全部变成气相，待温度重新稳定后可进行测量。

2.3.3　振动系统的起振

等实验系统的压力与温度稳定一段时间之后，将温度的波动控制在 $10mK \cdot 15min^{-1}$以内时，开始进行实验测量。在测量时，首先需要使黏度计内部的振动盘水平转动一定角度，这就需要对黏度计进行起振。本文采用的起振法方式为手动起振。起振时，先将实验本体缓慢且匀速地转过一定角度(30°~45°)，等待约 $T/2$(T 为振动盘的振动周期)时间之后，将本体再次缓慢且匀速地转回原来的位置，起振过程结束。

2.3.4 信号的采集与处理

等到振动盘振动平稳后，则进行信号采集，采集数据经处理后获得振动盘的振动周期 T 及对数衰减率 Δ。振动盘在待测试样中做周期固定振幅衰减的简谐振动，图 2-12 为振动盘黏度计工作时简谐振动的示意图。

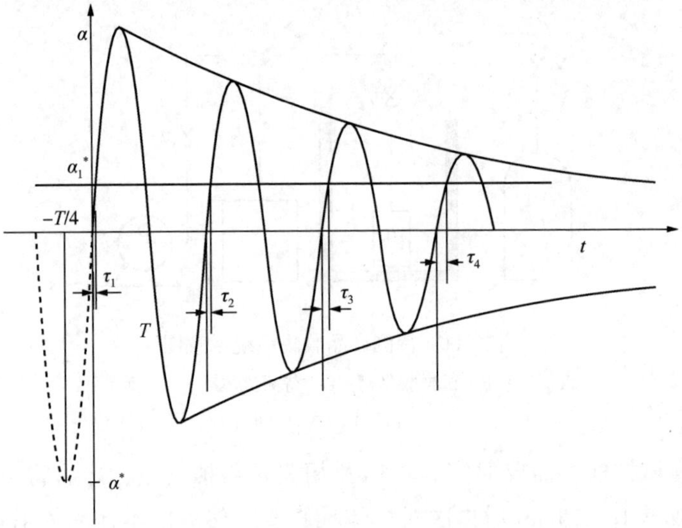

图 2-12　振动盘黏度计简谐振动示意图

假定图 2-12 中，$t=0$ 时，振幅 $\alpha=0$，表明此时振动盘处于平衡位置。在 $t=-T/4$时，振幅 $\alpha=\alpha^*$。据此可得振动盘黏度计振动方程的表达式为

$$\alpha(t)=\alpha^* e^{\frac{-\pi\Delta(1+4t/T)}{2}}\sin(2\pi t/T) \tag{2-45}$$

如图 2-12 所示，第一个周期内，振动盘从平衡位置转动到振幅为 α_1^*（第二个光电二极管的位置）时需要的时间为 τ_1。假定经过 m 个周期之后，振动盘从平衡位置转动到 α_1^* 时所需时间为 τ_m，则从 $t=0$ 到第 m 个周期 α_1^* 处所需总时间为

$$t_m=mT+\tau_m \tag{2-46}$$

同样地，从 $t=0$ 到第 n 个周期 α_1^* 处所需总时间为

$$t_n=nT+\tau_n \tag{2-47}$$

由于在 α_1^* 处，各个周期的振幅相等，将式(2-46)、式(2-47)代入式(2-45)可得

$$\alpha^* e^{\frac{-\pi\Delta(1+4m)}{2}} e^{-2\pi\Delta\tau_m/T}\sin(2\pi\tau_m/T)=\alpha^* e^{\frac{-\pi\Delta(1+4n)}{2}} e^{-2\pi\Delta\tau_n/T}\sin(2\pi\tau_n/T)=\alpha_1^* \tag{2-48}$$

整理后可得

$$\sin(2\pi\tau_m/T)/\sin(2\pi\tau_n/T)=e^{-2\pi\Delta(n-m)}e^{-2\pi\Delta(\tau_n-\tau_m)/T} \tag{2-49}$$

最终可得振动盘黏度计的对数衰减率 Δ 的表达式为

$$\Delta=\frac{\ln[\sin(2\pi\tau_m/T)/\sin(2\pi\tau_n/T)]}{2\pi(n-m)+2\pi(\tau_n-\tau_m)/T} \tag{2-50}$$

信号采集完成后，通过分析反射光经过光电二极管的时刻，结合式(2-49)和式(2-50)就可以计算得到黏度计的振动周期 T 和对数衰减率 Δ。采集信号时，一般在起振结束后 4~5 个周期，振动盘转动平稳后进行信号采集。通常选取 6~8 个振动周期来计算黏度计的振动周期和对数衰减率，可消除偶然因素带来的误差。

图 2-13 为图 2-10 中一个振动周期采集信号的示意图，图中横坐标为时间，纵坐标为光束扫过光电二极管时采到的电压，图中 1 和 3 两个点之间的时间间隔为振动盘做衰减运动时一个完整的周期；1 和 2 以及 3 和 4 之间的时间间隔为振动盘反射光依次经过两个光电二极管的时间间隔。图 2-14 中抛物线的最高点(电压最大处)作为光路经过该光电二极管的时刻，对应于图 2-13 中的点 1、2、3 和 4。通过这种方法结合式(2-49)和式(2-50)即可求得振动周期 T 及对数衰减率 Δ。

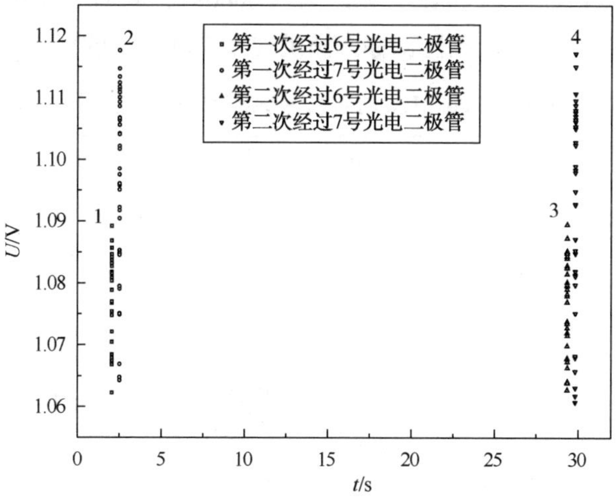

图 2-13　振动盘黏度计信号采集示意图

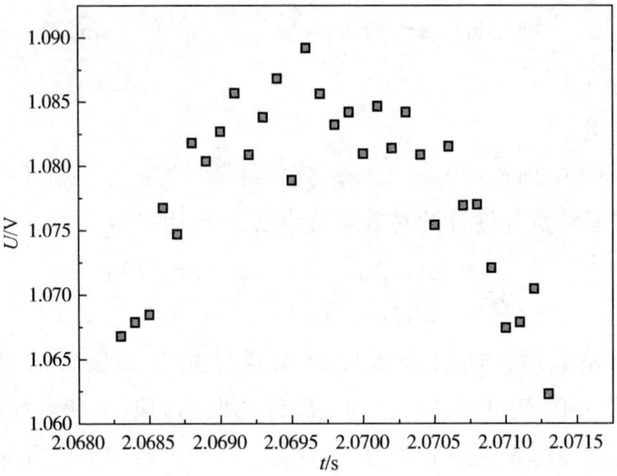

图 2-14　振动盘黏度计采集信号取点示意图

2.4　黏度计性能检测

实验系统经改进搭建完成后，需要对黏度计的稳定性与复现性进行检测。本文选用梅塞尔公司提供的高纯氩气(质量分数为 99.999%)作为测试气体。振动盘在温度为 298.5K、压力为 4.67MPa 时氩气中的 9 次测量结果列于表 2-3 中，由该表可以看出 9 次测量中振动周期之间最大相差为 0.0043s，波动在 0.009%以内，对数衰减率的最大相差为 0.000081，波动小于 0.16%，表明改进后实验系统稳定性与复现性良好，满足气相黏度测量的要求。

表 2-3　298.5K、4.67MPa 时氩气中黏度计的振动周期和对数衰减率

状态点	周期 T/s	对数衰减率/Δ
1	27.8875	0.030321
2	27.8864	0.030334
3	27.8873	0.030346
4	27.8899	0.030389
5	27.8856	0.030319
6	27.8876	0.030373
7	27.8881	0.030369
8	27.8876	0.030311
9	27.8865	0.030308
平均值	27.8874	0.030341

2.5 本章小结

本章主要介绍了振动盘黏度计实验系统的测量原理及其工作方程；在原有基础上对实验系统进行了改进，并对改进后实验系统的稳定性及复现性进行了检测。

（1）介绍了振动盘气相黏度计的实验原理，给出了其工作方程。

（2）构建了新的振动系统，改进了振动盘黏度计，提升了实验系统的可靠性与稳定性。提出了新的悬丝热处理方式，在保证悬丝强度的前提下基本消除了悬丝中的初始剪切应力，解决了悬丝断裂的问题；改善了悬丝的装配方式，轻量化处理了悬挂部件，解决了悬丝脱落的问题；采用石英玻璃制作振动盘与固定盘，使悬挂系统更加精密；采用了新的加热及控温系统，提高了实验本体中温度的稳定性与均匀性；采用了可视化的信号采集系统，提升了实验效率。

（3）通过黏度计在温度为 298.5K、压力为 4.67MPa 时氩气中的多次测量结果验证了改进后实验系统的稳定性与复现性。测量结果表明：改进后实验系统振动周期的波动小于 0.009%，对数衰减率的波动在 0.16%以内，实验系统稳定性与复现性良好，满足气相黏度测量的要求，为流体气相黏度的实验研究打下了基础。

3 HFC-161气相黏度实验测量

本文采用相对法测量流体的气相黏度，因此在测量待测试样的气相黏度之前，首先需要标定振动盘黏度计的仪器修正系数 C，即式(2-44)中的修正项 C，本实验采用高纯氩气及二氧化碳标定实验系统的仪器修正系数 C。利用标定过的实验系统测量了氮气的气相黏度。此外，根据 Kestin 等人的理论，将一种新的数据处理方法扩展应用于气相黏度的处理，并进行了实验验证，完善了振动盘黏度计的测量原理。最终采用新方法处理数据，并测量了 HFC-161 的气相黏度。

3.1 仪器修正系数的标定与实验系统检验

3.1.1 仪器修正系数的标定

本文选用相对法测量流体的气相黏度，采用式(2-44)作为标定方程，并且认为修正系数 C 是关于流体边界层厚度 δ 的函数。由于 C 的表达式的形式较为复杂，需要通过较多状态点的测量数据标定获得。本文中使用氩气(质量分数为 99.999%)和二氧化碳(质量分数为 99.99%)室温时、不同压力下共 36 个状态点的测量数据对实验系统的仪器修正系数 C 进行了标定。其中氩气的黏度和密度分别取自 Lemmon[93] 和 Tegeler[94]，二氧化碳的黏度和密度数据分别取自 Fenghour[95] 和 Span[97]。标定结果如图 3-1 所示，仪器修正系数 C 的表达式为

$$\begin{cases} C=0.943+192.211\times\delta-32241.275\times\delta^2 & \delta\leqslant0.002\text{mm} \\ C=1.249/\{1+\exp[-585.992\times(\delta+0.00338)]\} & \delta>0.002\text{mm} \end{cases} \tag{3-1}$$

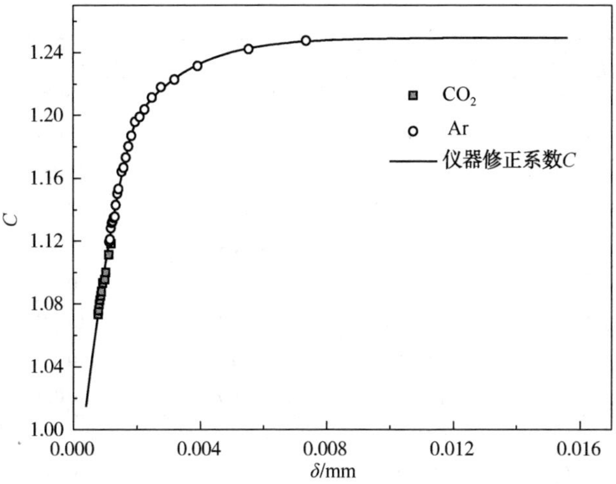

图 3-1　仪器修正系数 C 与边界层厚度 δ 的关系图

标定得到仪器修正系数 C 后，计算了用于标定的氩气及二氧化碳的气相黏度，计算结果列于表 3-1 中。与文献值相比，最大相对偏差为 0.25%，绝对平均偏差为 0.10%，偏差分布如图 3-2 所示。由计算结果可以看出，拟合得到的仪器修正系数 C 与原始数据吻合度较高，满足进一步实验研究的要求。

表 3-1　氩气及二氧化碳气相黏度计算值与文献值的比较

T/K	p/MPa	η_{ref}/(μPa·s)	η_{cal}/(μPa·s)	$\eta_{cal}-\eta_{ref}$/(μPa·s)	$Dev.^*$/%
Ar					
298.29	4.59	18.568	18.542	−0.026	−0.14
298.29	4.59	18.568	18.579	0.011	0.06
298.29	4.33	18.515	18.483	−0.032	−0.17
298.30	4.12	18.474	18.489	0.015	0.08
298.32	3.91	18.433	18.464	0.031	0.17
298.33	3.70	18.392	18.379	−0.013	−0.07
298.35	3.49	18.355	18.330	−0.025	−0.14
298.35	3.27	18.314	18.319	0.005	0.03
298.35	3.01	18.265	18.240	−0.025	−0.14
298.35	2.71	18.212	18.239	0.027	0.15
298.35	2.39	18.156	18.130	−0.026	−0.14
298.34	2.10	18.108	18.106	−0.002	−0.01
298.34	1.78	18.056	18.059	0.003	0.02
298.33	1.39	17.995	17.999	0.004	0.02
298.33	1.08	17.949	17.945	−0.004	−0.02

续表

T/K	p/MPa	η_{ref}/(μPa·s)	η_{cal}/(μPa·s)	$\eta_{cal}-\eta_{ref}$/(μPa·s)	$Dev.^*$/%
298.33	0.98	17.934	17.932	−0.002	−0.01
298.34	0.87	17.919	17.930	0.011	0.06
298.34	0.75	17.901	17.935	0.034	0.19
298.35	0.65	17.888	17.870	−0.018	−0.10
298.35	0.49	17.866	17.829	−0.037	−0.21
298.36	0.35	17.847	17.843	−0.004	−0.02
298.35	0.21	17.828	17.849	0.021	0.12
298.36	0.13	17.817	17.816	−0.001	−0.01
298.34	0.06	17.808	17.809	0.001	0.01
CO_2					
303.49	4.77	16.599	16.600	0.001	0.01
303.51	4.62	16.495	16.470	−0.025	−0.15
303.50	4.44	16.373	16.395	0.022	0.13
303.51	4.44	16.373	16.390	0.017	0.10
303.51	4.24	16.252	16.229	−0.023	−0.14
303.50	4.03	16.141	16.168	0.027	0.17
303.50	3.84	16.043	16.075	0.032	0.20
303.50	3.63	15.950	15.938	−0.012	−0.08
303.52	3.22	15.789	15.779	−0.010	−0.06
303.51	3.02	15.722	15.762	0.040	0.25
303.50	2.58	15.589	15.579	−0.010	−0.06
303.50	2.31	15.519	15.503	−0.016	−0.10

*：$Dev.=(\eta_{cal}-\eta_{ref})/\eta_{ref}\times100$

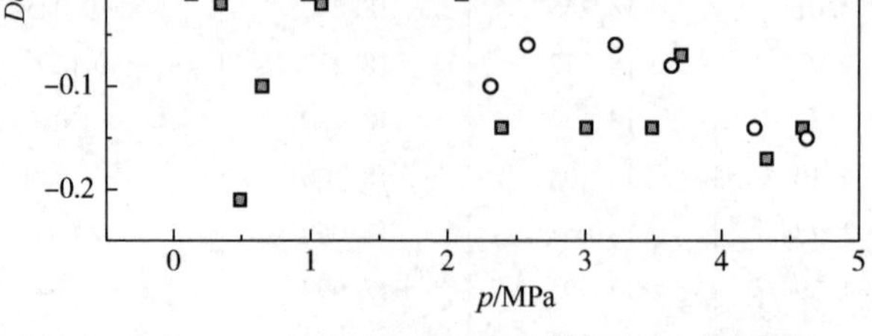

图 3-2　氩气及二氧化碳气相黏度计算值与文献值的比较

3.1.2 氮气气相黏度的测量

通过标定得到了仪器修正系数 C，并检验了其合理性，为检验实验系统测量结果的精度，本文对氮气(质量分数为 99.99%，梅塞尔公司提供)的气相黏度进行了测量，并与 Lemmon[93] 的文献值进行了比较。实验的温度为 303.4K，压力为 0.1~4.7MPa，共得到 24 个状态点氮气的气相黏度，其中氮气的气相密度取自 Span[97]，实验结果列于表 3-2 中。

表 3-2 氮气气相黏度的实验结果

T/K	p/MPa	ρ/(kg·m^{-3})	η_{ref}/(μPa·s)	η_{exp}/(μPa·s)	$\eta_{exp}-\eta_{ref}$/(μPa·s)	$Dev.^*$/%
303.42	4.71	52.459	18.810	18.682	−0.128	−0.68
303.51	4.52	50.280	18.775	18.701	−0.074	−0.39
303.52	4.31	47.922	18.733	18.699	−0.034	−0.18
303.53	4.11	45.732	18.695	18.602	−0.093	−0.50
303.54	3.89	43.282	18.654	18.666	0.012	0.06
303.54	3.71	41.301	18.620	18.634	0.014	0.08
303.54	3.50	38.945	18.581	18.648	0.067	0.36
303.54	3.32	36.939	18.548	18.479	−0.069	−0.37
303.54	3.11	34.656	18.511	18.617	0.106	0.57
303.53	2.92	32.463	18.477	18.464	−0.013	−0.07
303.53	2.72	30.312	18.443	18.549	0.106	0.57
303.52	2.50	27.766	18.404	18.411	0.007	0.04
303.52	2.32	25.837	18.376	18.359	−0.017	−0.09
303.50	2.08	23.142	18.336	18.272	−0.064	−0.35
303.49	1.89	21.042	18.305	18.163	−0.142	−0.78
303.49	1.69	18.846	18.275	18.204	−0.071	−0.39
303.49	1.49	16.565	18.243	18.195	−0.048	−0.26
303.49	1.25	13.906	18.208	18.227	0.019	0.10
303.48	1.11	12.304	18.187	18.116	−0.071	−0.39
303.47	0.91	10.162	18.159	18.182	0.023	0.13
303.47	0.71	7.917	18.130	18.070	−0.060	−0.33
303.46	0.50	5.594	18.102	18.102	0.000	0.00
303.46	0.30	3.273	18.074	18.015	−0.059	−0.33
303.46	0.10	1.085	18.049	18.073	0.024	0.13

*：$Dev.=(\eta_{exp}-\eta_{ref})/\eta_{ref}\times100$

从表 3-2 中的结果可以看出，氮气气相黏度的测量结果与文献值相比，最大偏差为 - 0. 142μPa · s，其最大相对偏差为 - 0. 78%，绝对平均偏差为 0. 30%。偏差随氮气密度的分布如图 3-3 所示，可得到实验结果的偏差基本都在 0. 6%以内，分布比较均匀。氮气气相黏度实验测量结果表明改进后的实验系统具有很高的测量精度，可对待测流体的气相黏度展开实验研究。

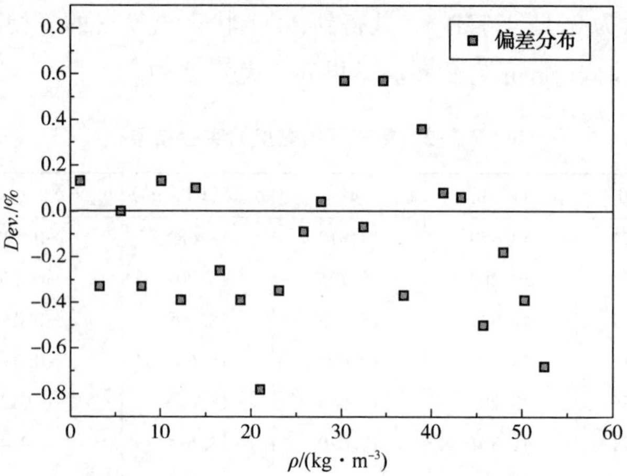

图 3-3　氮气气相黏度测量结果偏差随密度的分布

3. 2　新数据处理方法的扩展应用及优化

使用振动盘气相黏度计测量气体黏度的方法已经很成熟，利用相对法测量计算时，研究人员一般采用式(2-41)作为工作方程。但是在查阅文献的过程中发现 Kestin 等人[98]在标定振动盘黏度计时发现，用纯水与 KCl 溶液标定得到的仪器修正系数 C，在边界层厚度 δ 相同时存在一定偏差(约为 0. 5%)，为解决该问题提出了一个新方程作为振动盘黏度计的工作方程，即将式(2-44)中的修正项由乘法项 C 变为附加项 E，其中 E 是关于 δ/θ 的函数。

$$\frac{2}{\theta}\left(\frac{\Delta}{\theta}\Delta_0\right)=\frac{\pi\rho R^4\delta}{I}\left[H_1K_2+H_2K_1+\frac{2d}{R}\left(H_1+\frac{3\delta\Delta}{2R\theta}+\frac{3\delta^2}{16R^2\theta x}\right)+E\right] \tag{3-2}$$

式中，$\theta=T/T_0$，其中，T 为振动盘在流体中的振动周期，T_0 为振动盘在真空中的振动周期；δ 为边界层厚度。

Kestin 等人[98]提出了 E 方法，并根据纯水及 KCl 溶液的处理结果验证了该方法测量流体液相黏度的可行性，但并未将该方法应用于流体气相黏度的测量，其他研究人员也同样未将该方法应用于气相黏度的数据处理。因此，本文拟采用该方法标定实验系统，并根据标定结果处理氮气的测量数据，以验证 E 方法应用于气相黏度测量时的可行性。Kestin 等人在验证 E 方法可行性的过程中，使用了大量的状态点标定修正项 E。但在本文标定过程中发现 E 的表达式为关于 δ/θ 的二次函数，形式较为简单，仅需要几个不同边界层厚度 δ 的标定结果就可以得到修正项 E 精确的表达式，从而简化了标定过程。此外，Berg[100] 等人指出，在 25℃时，理想气体黏度的 Ab Initio 计算值具有更高的精度，因此，本文采用 25℃、0.1MPa 时几种气体的物性及测量数据标定修正系数 E，对标定过程进行了优化。

3.2.1 仪器修正系数 E 的标定

标定仪器修正系数 E 的过程中，测量了 0.1MPa、293K 时振动盘黏度计在氩气、二氧化碳、氮气和氢气中的振动周期 T 以及对数衰减率 Δ，并根据各自的密度[95,97,98,101]及黏度[96,100]获得了仪器修正系数 E。采用这几种气体进行标定，δ/θ 涵盖范围较宽，满足各种流体气相黏度测量的需求。E 与 δ/θ 关系如图 3-4 所示，E 的表达式为

$$E=5.36895\times10^{-4}+65.04808(\delta/\theta)+954.12835(\delta/\theta)^2 \tag{3-3}$$

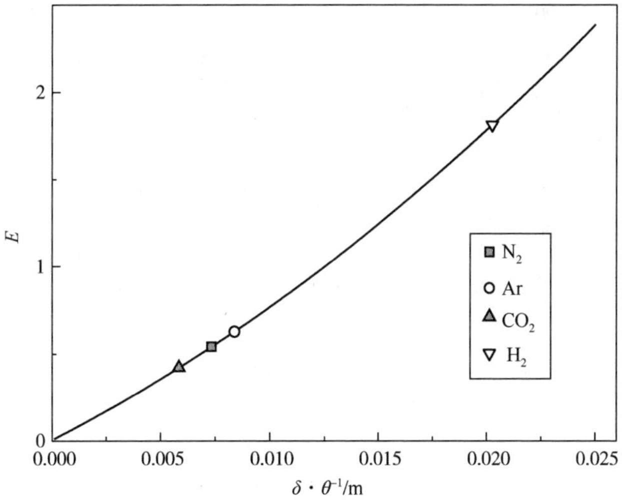

图 3-4 仪器修正系数 E 的曲线

3.2.2 氮气气相黏度 E 方法计算值

利用式(3-2)以及式(3-3)重新计算了氮气的测量数据，得到了氮气的气相黏度 E 方法处理结果，并与文献值进行对比，结果列于表 3-3 中，与文献值的偏差分布如图 3-5 所示。

表 3-3　氮气气相黏度的 E 方法处理结果

T/K	p/MPa	ρ/(kg · m^{-3})	η_{ref}/(μPa · s)	η_{exp}/(μPa · s)	$Dev.^*$/%
303.42	4.71	52.459	18.810	18.799	−0.06
303.51	4.52	50.280	18.775	18.813	0.20
303.52	4.31	47.922	18.733	18.804	0.38
303.53	4.11	45.732	18.695	18.703	0.04
303.54	3.89	43.282	18.654	18.681	0.14
303.54	3.50	38.945	18.581	18.623	0.23
303.54	3.32	36.939	18.548	18.546	−0.01
303.54	3.11	34.656	18.511	18.588	0.42
303.53	2.92	32.463	18.477	18.515	0.21
303.53	2.72	30.312	18.443	18.527	0.46
303.52	2.50	27.766	18.404	18.459	0.30
303.52	2.32	25.837	18.376	18.411	0.19
303.50	2.08	23.142	18.336	18.335	−0.01
303.49	1.89	21.042	18.305	18.238	−0.37
303.49	1.69	18.846	18.275	18.278	0.02
303.49	1.49	16.565	18.243	18.223	−0.11
303.49	1.25	13.906	18.208	18.218	0.05
303.48	1.11	12.304	18.187	18.098	−0.49
303.47	0.91	10.162	18.159	18.162	0.02
303.47	0.71	7.917	18.130	18.066	−0.35
303.46	0.50	5.594	18.102	18.130	0.15
303.46	0.30	3.273	18.074	18.075	0.01
303.46	0.10	1.085	18.049	18.031	−0.10

*：$Dev.=(\eta_{exp}-\eta_{ref/})/\eta_{ref}\times100$

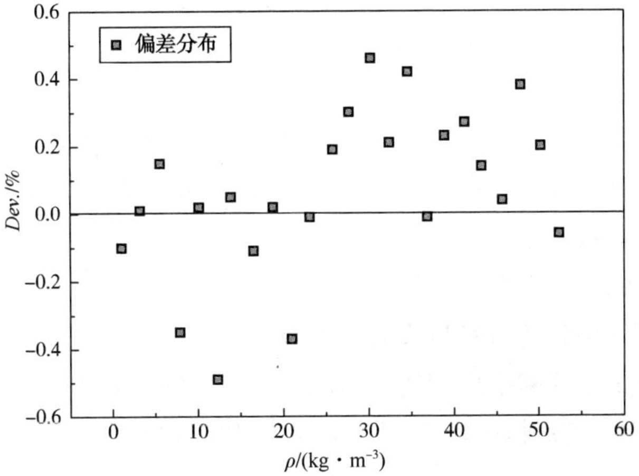

图 3-5　氮气气相黏度 *E* 方法处理结果与文献值的比较

从表 3-3 可以看出，氮气气相黏度的 *E* 方法处理结果与文献值相比，其最大相对偏差为-0.49%，绝对平均偏差为 0.19%。该结果表明将 *E* 方法推广至气相黏度测量是可行的；对标定过程进行优化，保证精度的前提下减少标定所需的数据量，采用 25℃、0.1MPa 时几种气体的物性数据及测量数据标定修正系数 *E* 同样是可行的。

前文中氮气气相黏度 *C* 方法的处理结果与文献值相比，最大相对偏差为-0.78%，绝对平均偏差为 0.30%。由此可以看出，*E* 方法计算结果的最大相对偏差与绝对平均偏差均小于 *C* 方法，证明 *E* 方法的数据处理结果精度更高。

整体来说，本文将 *E* 方法推广应用于气相黏度的数据处理，并优化了其标定过程，取得了良好的效果。与 *C* 方法相比，*E* 方法具有以下优点：首先，标定过程简单，采用 *E* 方法标定时仅需少量数据；其次，数据处理结果更加精确，同样地，氮气测量数据处理结果表明，*E* 方法处理结果的偏差更小，提升了实验结果的精度。因此，本文将 *E* 方法作为振动盘气相黏度计的数据处理方法，进一步完善了其测量原理。

3.3　HFC-161 气相黏度的测量

HFC-161，其化学式为 CH_3CH_2F，其 ODP 值为 0，GWP 值仅为 4，是一种新型环保制冷剂。HFC-161 基本无毒，可以在密闭空间或开放空间中使用。

虽然其具有一定可燃性，但是随着科学技术进步，采取添加阻燃材料、增强系统密封性都可以保证 HFC-161 使用过程中的安全。除用作制冷剂外，HFC-161 也可以用作气雾剂、发泡剂等。HFC-161 的饱和蒸气压稍低于 HCFC-22，可以在使用 HCFC-22 的系统内直接替换使用。整体来看，HFC-161 的环境性能及热工性质良好，具有光明的推广应用前景。

制冷剂的热物性数据在制冷系统的设计中起着重要作用，计算管路中沿程阻力需要用到制冷剂的黏度数据。目前 HFC-161 的饱和液相数据已有文献发表，但是其气相黏度的实验数据还没有文献报道，气相黏度数据的缺乏影响了它的进一步研究和推广应用。因此，本文测量了 HFC-161 的气相黏度，完善了 HFC-161 的热物性数据，以满足科学研究和工程实际的需求。

3.3.1 实验过程

实验使用的 HFC-161 试样由浙江省化工研究院提供，其纯度大于 99.95%。为了消除试样中的润滑油等杂质，在充灌之前，采用蒸馏的方式将 HFC-161 收集在一个不锈钢试样罐内，收集过程在 2.3.2 已进行了详细描述。

充灌试样时，首先将实验本体抽真空，接着将少量的 HFC-161 试样充入黏度计本体，15min 后再次对本体抽真空；之后充入适量的 HFC-161 试样，在设定温度稳定 0.5h 后，通过缓慢放气将本体内压力调整至稍低于当前温度的饱和压力。待温度、压力重新稳定后，将此状态点作为第一个实验测量点。实验过程中，每测量完一个状态点，放出一部分试样，待温度、压力重新稳定后，再次测量，直至压力接近大气压力，沿等温线将 HFC-161 不同压力下的气相黏度全部测量。将该条等温线上所有状态点测量完成后，重复上述过程，测量下一条等温线上 HFC-161 的气相黏度。数据处理时使用的 HFC-161 的饱和蒸气压以及气相密度数据来自 Chen 等人[38]。

3.3.2 实验结果及分析

本文测量了 HFC-161 温度范围为 293.4~369.4K，压力为 0.1MPa 到所测温度饱和蒸气压之间的气相黏度，共得到 5 条等温线上 97 个不同状态下的数据，测量结果列于表 3-4 中，测点分布如图 3-6 所示，HFC-161 的气相黏度沿等温线随密度的变化如图 3-7 所示，随压力的变化如图 3-8 所示。

表 3-4　HFC-161 气相黏度测量结果

T/K	p/MPa	ρ/(kg·m^{-3})	η_{exp}/(μPa·s)
293.32	0.11	2.210	9.562
293.33	0.19	3.877	9.539
293.36	0.29	6.042	9.565
293.40	0.41	8.773	9.502
293.41	0.50	10.934	9.514
293.39	0.59	13.212	9.640
293.35	0.69	15.905	9.566
293.33	0.75	17.617	9.614
313.27	0.12	2.247	10.207
313.25	0.17	3.206	10.255
313.20	0.30	5.765	10.202
313.18	0.40	7.803	10.191
313.16	0.50	9.910	10.121
313.15	0.60	12.091	10.088
313.15	0.69	14.124	10.100
313.14	0.89	18.920	10.149
313.16	1.01	22.012	10.155
313.20	1.09	24.178	10.184
313.23	1.19	27.030	10.236
313.21	1.27	29.452	10.385
333.69	0.12	2.103	10.883
333.68	0.14	2.459	10.835
333.68	0.22	3.897	10.674
333.67	0.42	7.613	10.717
333.63	0.49	8.957	10.655
333.61	0.58	10.720	10.669
333.59	0.72	13.549	10.811
333.61	0.79	15.003	10.908
333.55	1.00	19.563	10.916
333.57	1.10	21.840	11.084
333.57	1.21	24.441	11.131
333.49	1.31	26.910	11.144
333.49	1.40	29.209	11.192
333.45	1.50	31.876	11.220
333.46	1.63	35.520	11.300
333.05	1.80	40.800	11.356
351.55	0.10	1.657	11.372
351.57	0.19	3.174	11.383

续表

T/K	p/MPa	ρ/(kg·m^{-3})	η_{exp}/(μPa·s)
351.55	0.30	5.062	11.394
351.56	0.40	6.814	11.368
351.57	0.51	8.780	11.308
351.57	0.61	10.607	11.283
351.60	0.71	12.472	11.271
351.62	0.80	14.186	11.347
351.66	0.90	16.129	11.385
351.61	1.00	18.125	11.392
351.63	1.10	20.165	11.390
351.72	1.20	22.251	11.416
351.73	1.29	24.182	11.486
351.75	1.39	26.383	11.564
351.76	1.49	28.649	11.653
351.71	1.58	30.756	11.723
351.65	1.69	33.417	11.911
351.63	1.99	41.190	12.317
351.61	2.09	43.990	12.414
351.50	2.21	47.543	12.552
351.48	2.40	53.552	12.860
351.52	2.51	57.291	13.075
351.47	2.59	60.207	13.161
351.45	2.66	62.872	13.284
369.28	0.10	1.575	11.942
369.28	0.20	3.174	11.949
369.26	0.30	4.799	11.935
369.28	0.40	6.448	11.935
369.30	0.50	8.125	11.909
369.32	0.60	9.830	11.899
369.34	0.69	11.389	11.873
369.23	0.79	13.155	11.899
369.32	0.90	15.127	11.965
369.32	0.99	16.773	11.999
369.33	1.10	18.823	12.109
369.35	1.19	20.533	12.140
369.35	1.29	22.472	12.214
369.35	1.39	24.451	12.239
369.34	1.49	26.474	12.342
369.24	1.60	28.764	12.451

续表

T/K	p/MPa	ρ/(kg·m^{-3})	η_{exp}/(μPa·s)
369.30	1.69	30.664	12.495
369.25	1.74	31.749	12.540
369.30	1.81	33.272	12.587
369.25	1.88	34.838	12.653
369.27	2.00	37.572	12.788
369.34	2.18	41.832	12.924
369.32	2.31	45.064	13.167
369.47	2.40	47.332	13.253
369.31	2.47	49.221	13.454
369.48	2.60	52.702	13.659
369.47	2.70	55.534	13.891
369.48	2.90	61.515	14.373
369.48	3.00	64.693	14.592
369.50	3.09	67.663	14.792
369.50	3.20	71.477	15.012
369.51	3.31	75.498	15.383
369.51	3.41	79.370	15.654
369.49	3.51	83.489	15.857
369.49	3.62	88.307	16.158
369.48	3.70	92.054	16.511
369.46	3.81	97.592	17.049

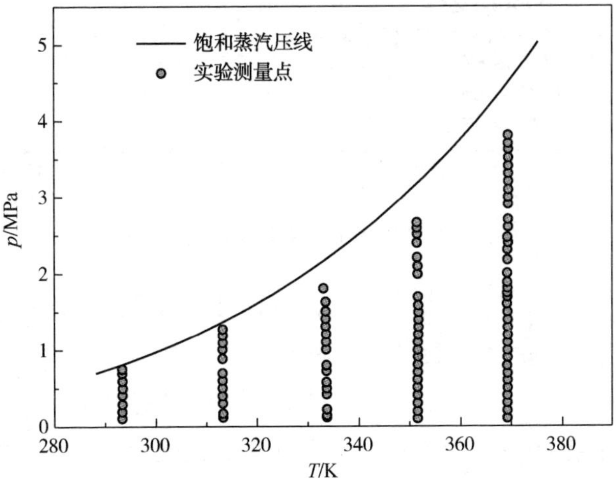

图 3-6 HFC-161 气相黏度实验测量点的分布图

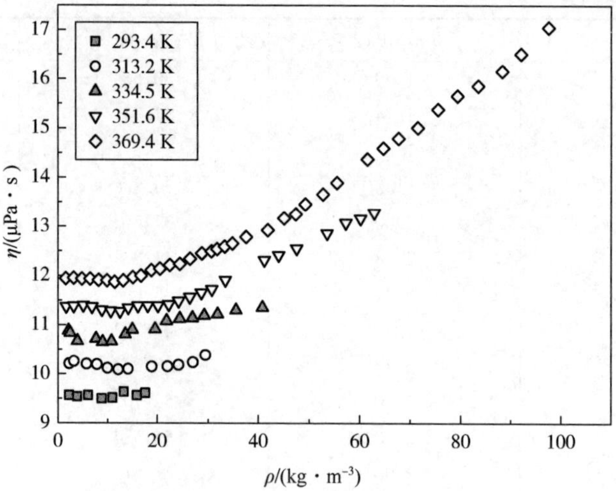

图 3-7　HFC-161 气相黏度随密度的变化

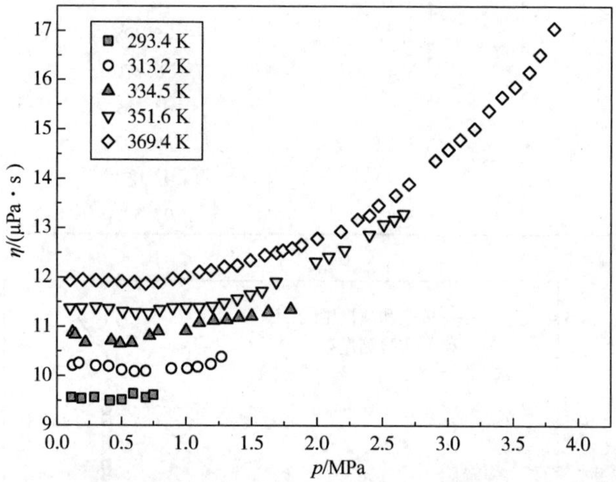

图 3-8　HFC-161 气相黏度随压力的变化

由图 3-7 可以看出，沿等密度线，随着温度的升高，HFC-161 的气相黏度逐渐增大；沿等温度线，随着密度的增大，HFC-161 的气相黏度同样逐渐增大。由图 3-8 可知，同一温度下，随着压力的升高，HFC-161 的气相黏度同样逐渐增大；但随着压力的增大，不同等温线之间的差距在缩小，可以预测当温差较小时，两条气相黏度的等温分布线会出现交叉现象。当气体密度相等时，微观上分子间的平均距离相等，随着温度的升高，流体分子具有更快的速率，气体分子之间产生碰撞的概率增大，因此气体内部相邻质点或流层之间存在相对运动时，其接触面上产生的阻止其相对运动的内摩擦力相应地会增大，即气体的黏度增大。因此，图 3-7 中，同一条等温线上，随着密度的增大，分子间距离减小，分子碰撞的概率变大，分子间作用力变大，其黏度增大；同等密度下，分子间距离不变，随温度升高分子运动速率增大，碰撞概率增大，黏度变大。图 3-8 中，同一条等温线上，压力增大，密度增大，分子之间平均距离变小，分子碰撞概率增大，黏度增大。同等压力下，温度升高则分子平均运动速率变大，同时密度变小则分子之间平均距离变大，当不同温度下分子运动速率增大带来的影响比分子平均距离变大造成的影响更小时，两条气相黏度的等温分布线之间的差距缩小，如图 3-8 所示；当两种影响相互抵消时，则不同的气相黏度的等温分布线出现交叉现象，宏观上表现为不同温度、相同压力下 HFC-161 的气相黏度相等。

3.3.3 HFC-161 气相黏度方程

实验得到的 HFC-161 的气相黏度数据是一些孤立点，在实际应用中，经常用到不同状态下 HFC-161 的气相黏度。为了方便在工程实际中应用，可以将已有的实验数据拟合为计算方程，其形式如下所示

$$\eta = \eta_0 \sum_{i=0}^{2} \sum_{j=0}^{2} b_{ij} (\rho/\rho_0)^i (T/T_0)^j \tag{3-4}$$

式中，η_0、ρ_0 和 T_0 是从实验数据中选取的参考值，本文中 η_0、ρ_0 和 T_0 的值分别为 293.32K、2.210kg · m^{-3}和 9.562 μPa · s。

方程中的系数列于表 3-5 中。拟合方程的计算值与实验值的偏差分布如图 3-9 所示，其最大相对偏差和绝对平均偏差分别为-1.90%和 0.80%，且偏差分布均匀，比较结果表明拟合方程的计算精度较高，满足实际应用的需求。

表 3-5 方程中各系数的值

b_{ij}	$j=0$	$j=1$	$j=2$
$i=0$	-0.3244	1.6974	-0.3683
$i=1$	0.1227	-0.2434	0.1177
$i=2$	-0.00135	0.00334	-0.00165

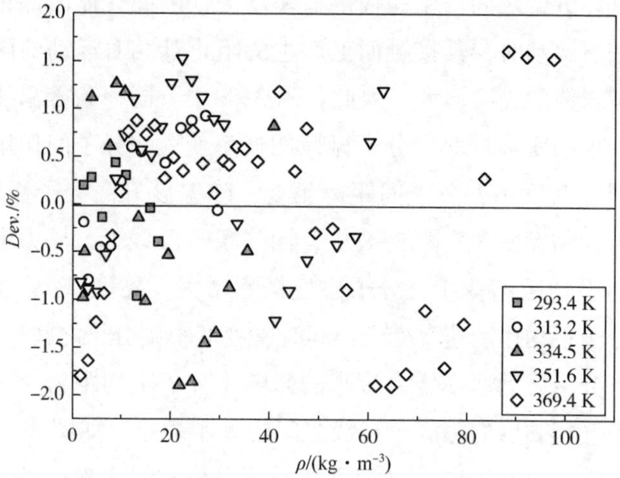

图 3-9　HFC-161 气相黏度拟合方程计算值与实验值的偏差分布

3.3.4　Lennard-Jones 势能函数参数的推算

分子动力学模拟是随着计算机的产生与发展而发展起来的，在很多领域有着广泛应用。它是理论研究和实验研究之间的桥梁，可以用来比较不同因素对理论和模型的影响，检验和改进现有的理论和模型，甚至可以解决一些传统方法无法解释的问题和现象。分子动力学模拟在化学反应机理、复杂流体特性、微尺度下物质的特性及新材料的研制等领域将会发挥越来越重要的作用。

实际研究表明，分子动力学模拟结果的可靠性与选用的分子势能函数有很大关系。分子势能函数的作用是描述分子作用力场的特征，因此，分子间势能函数关系式中的参数是分子动力学模拟过程当中所必需的。势能参数可以通过相关的热物性实验数据拟合得到，比如 pVT 性质、气相黏度、导热系数等。

Lennard-Jones 势能函数是一个比较常用的势能函数模型，它能够较好地反映分子之间作用力的变化情况，且其解析形式简单而被广泛应用。Lennard-Jones 势能函数由 John 于 1924 年提出，进行了深入的研究并推广应用[102]，其表达式为

$$\varepsilon_{\mathrm{p}}=4\varepsilon\left[\left(\frac{\sigma}{r}\right)^{12}-\left(\frac{\sigma}{r}\right)^{6}\right] \tag{3-5}$$

式中，ε 为最大吸引势能，一般与玻尔兹曼常数 k 组合成 $\varepsilon \cdot k^{-1}$ 形式使用；σ 为零势能时分子之间的间距；r 为分子之间的间距。

由于势能函数中的参数 σ 以及 $\varepsilon \cdot k^{-1}$ 是分子动力学模拟研究中不可或缺的，而 Lennard-Jones 势能函数的参数可以通过气体的常压下的黏度计算获得。采用 Lennard-Jones 势能函数表征分子间的相互作用，Champman 和 Enskog 推算得到的常压气体气相黏度的计算式形式为

$$\eta_0 = \frac{5}{16}\left(\frac{MkT}{N\pi}\right)\frac{f_n}{\sigma^2\Omega^{(2,2)}(T^*)} \tag{3-6}$$

式中，η_0 为气体常压下的气相黏度；M 为气体的摩尔质量；k 为玻尔兹曼常数；N 为阿伏伽德罗常数；f_n 为 η_0 的修正系数；T^* 为对比温度，定义式为 $T/(\varepsilon \cdot k^{-1})$；$\Omega^{(2,2)}$ 为关于 T^* 的函数。

根据 Kestin[103] 的描述，上述中 $\Omega^{(2,2)}$、f_n 的表达式分别为

$$\Omega^{(2,2)} = \exp(0.4661-0.56991\times\ln T^* +0.19591\times(\ln T^*)^2-0.03879\times(\ln T^*)^3+0.00259\times(\ln T^*)^4) \tag{3-7}$$

$$f_n = 1+\frac{3}{196}(8E^*-7)^2 \tag{3-8}$$

式中，E^* 的表达式为

$$E^* = 1+\frac{T^*}{4}\frac{\mathrm{d}\ln\Omega^{(2,2)}}{\mathrm{d}T^*} \tag{3-9}$$

本文 HFC-161 的气相黏度沿 5 条等温线分布，每条等温线上第一个压力点的气相黏度即为常压下的气相黏度，如表 3-6 所示。

表 3-6　HFC-161 不同温度常压下的气相黏度

T/K	ρ/(kg · m^{-3})	η_{exp}/(μPa · s)
293.32	2.210	9.562
313.27	2.247	10.207
333.69	2.103	10.883
351.55	1.657	11.372
369.28	1.575	11.942

根据式(3-6)~式(3-9)通过迭代计算，可由 HFC-161 不同温度常压下的气相黏度数据计算出其 Lennard-Jones 势能函数的参数 σ 以及 $\varepsilon \cdot k^{-1}$。最终的计算结果如所表 3-7 所示。

表 3-7　HFC-161 Lennard-Jones 势能函数的参数

σ/m	$\varepsilon \cdot k^{-1}$/K
4.8063×10^{-10}	240.1824

通过实验数据得到 HFC-161 Lennard-Jones 势能函数的参数后，计算了拟合点 HFC-161 的气相黏度并与实验值进行了对比，最大偏差为 0.40%，绝对平均偏差为 0.24%，表明拟合结果良好，偏差分布如图 3-10 所示。

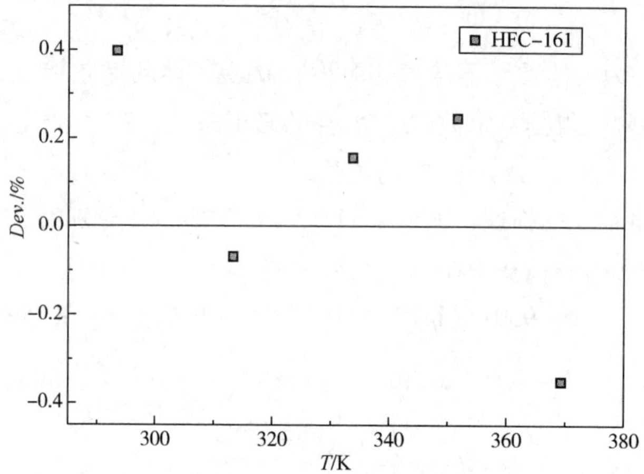

图 3-10　HFC-161 不同温度常压下气相黏度计算值与实验值的比较

通过 HFC-161 常压下气相黏度，结合 Champman-Enskog 分子动力学方程，最终回归得到了 Lennard-Jones 势能函数的参数 σ 以及 $\varepsilon \cdot k^{-1}$，为分子动力学模拟研究提供了微观特性参数。

3.4　本章小结

本章推广并优化了一种新的振动盘气相黏度计数据处理方法，提高了实验测量结果的精度，在此基础上，测量了 HFC-161 的气相黏度，主要内容有：

(1) 使用氩气及二氧化碳标定了工作方程的修正系数 C，测量了氮气的气相黏度并与文献值进行了对比，最大相对偏差为-0.78%，绝对平均偏差为 0.30%。

(2) 将 E 方法推广应用于气相黏度的数据处理，并优化了标定过程。用氩气、二氧化碳、氮气及氢气 0.1MPa、298K 时的测量数据标定了仪器修正系数 E。重新计算了氮气的气相黏度，E 方法计算结果与文献值相比，最大相对偏差为-0.49%，绝对平均偏差为 0.19%。

总体来说，与 C 方法相比，E 方法标定过程更简单，数据处理结果的精度更高，验证了 E 方法的可行性，为采用 E 方法处理数据提供了实验依据，进一步完善了振动盘气相黏度计的测量原理。

首次测量得到 HFC-161 的温度范围为 293.4~369.4K，压力为 0.1MPa 到所测温度饱和蒸气压之间的气相黏度，共计 97 个数据，实验结果的不确定度为 1.0%。此外将实验结果拟合为关于温度和密度的计算方程，拟合方程的计算值与实验值相比，最大相对偏差为-1.90%，绝对平均偏差为 0.80%，计算精度满足使用要求。利用本文获得的 HFC-161 的气相黏度实验数据关联了反映分子间作用力的 Lennard-Jones 势能函数的参数 σ 以及 $\varepsilon \cdot k^{-1}$，为微观和宏观研究 HFC-161 的性质提供了重要的微观特性参数。

4 流动型比定压热容实验系统

比定压热容是流体一种重要的热物理性质，精确的比热容数据在航空航天、能源动力、化工等领域有着广泛的应用，在科学研究与工程实际中同样起着重要作用。准确的比定压热容数据主要通过实验测量获得，目前常用的实验方法有：DTA 法、DSC 法、流动型量热法、热弛豫法以及静态量热法等，其中流动型量热法适用的温度与压力范围宽，测量结果准确，本文选用流动型量热法测量流体的比定压热容。为了使实验系统具有较高的测量精度并满足流体高温、高压区域比定压热容的测量，设计了新的量热器，并搭建了完整的实验系统。新系统测量精度高、自动化程度高，并且适用的温度与压力范围较宽，满足了制冷剂及其他流体比定压热容的测量需求。

4.1 流动型量热法

4.1.1 比热容的定义

若质量为 m 的物质在某一过程中吸收的热量为 δQ，这一过程中产生的温升为 $\mathrm{d}T$，则比热容的定义式为[104]

$$c_x = \frac{1}{m}\frac{\delta Q}{\mathrm{d}T} \tag{4-1}$$

式中，c_x 代表过程 x 的比热容（x 代表压力 p 时，c_x 为 c_p，即比定压热容；x 代表容积 v 时，c_x 为 c_v，即比定容热容）。比热容的单位为 $\mathrm{kJ \cdot kg^{-1} \cdot K^{-1}}$ 或 $\mathrm{kJ \cdot mol^{-1} \cdot K^{-1}}$。

比定压热容与比定容热容为流体常用的两种热容数据，本文将流体的比定压热容作为研究对象，采用流动型量热法进行实验研究。

4.1.2 流动型量热法的发展

流动型量热法适用于流体液相和气相比定压热容的测量，它起源很早，Callander 在 1902 年已采用流动型量热法测量了液体的比定压热容，Scheede 和 Heuse 在 1912 年将流动型量热法用于气体比定压热容的测量[105]。受当时条件限制，流动型量热法适用的压力较低，导致该方法的应用受到很大限制。随着科技的发展，工程实际与科学研究领域对流体比热容的精度要求越来越高，温度与压力范围要求越来越宽。流动型量热法重新引起了人们的关注，得益于技术的进步，流动型量热法测量的温度与压力范围大幅度扩展，且测量结果的精度大大提高。

国际上目前采用流动型量热法实验装置测量比定压热容的研究人员与研究机构有很多：德国 Karlsruhe 大学的 Bier 和 Ernst 领导的科研小组；日本 Keio 大学的 Watanabe 领导的科研小组；英国 Bristol 大学的 Wormald[106,107]搭建了实验装置并测量了苯及正己烷的比定压热容；挪威的 Grini[108,109]研制了流动型比定压热容实验系统，测量了一些压缩气体的比定压热容；美国的 Sandarusi[110]、西班牙 Segovia[111]等人都搭建了类似的实验系统。

Karlsruhe 大学的科研人员在 20 世纪 70 年代建立了一套高精度的闭式循环高压流动型气体比定压热容实验系统[112-115]，除了测量比定压热容该实验系统还能够测量焦耳-汤姆逊系数。后来经过改进该实验系统的温度测量范围达到 298.15～673.15K，测量压力最高可达 100MPa，测量精度为 0.1%～0.4%[116,117]。后来该课题组还搭建了高压流动型液体比定压热容实验系统，测量压力最高可达 50MPa，测量精度为 0.4%[118-120]。同时期的另外一名德国研究人员 Dreher 也搭建了流动型比定压热容的测量装置，其测量温度最高可达 573K，压力最高可达 30MPa，测量精度为 0.4%[121]。

日本 Keio 大学的 Watanabe 的科研小组搭建了气体高压比定压热容和液体高压比定压热容的实验系统，并测量了温度范围为 245～345K，压力最高为 3.5MPa 时二氧化碳的比定压热容，测量结果的精度为 0.5%，对于液相流体，其测量温度范围为 276～500K，压力最高可达 15MPa，并测量了多种物质的液相比定压热容[122-125]。此外，美国的 Yesavage 也搭建了流动型比定压热容实验系统[126,127]；日本的 Zubkov[128]也搭建了类似的实验系统，其最高测量温度达到了 1300K。

国内在研究流动型量热方面起步较晚，天津大学的何志迈等人在20世纪80年代建立了一个低压工况下的流动型气体比定压热容实验系统[129]。20世纪90年代浙江大学搭建了类似的实验系统，适用于中低压气体比定压热容的测量，并测量了苯、苯-环己烷等纯质以及一些多组分气体的比定压热容，测量精度大概在1.0%[130-133]。西安交通大学热工课题组于1989年设计搭建了一套流动型高压气体量热实验装置，温度测量范围为280~370K、压力最高可达15MPa，并用该装置测量了CO_2、HFC-152a、HCFC-22等物质的气相比定压热容，测量精度为0.5%[134,135]。20世纪90年代西安交通大学重新搭建了一套流动型量热系统，解决了原实验系统测量压力低、压力不稳定及测量混合工质时成分不一致等问题。该实验系统的测量压力最高可达15MPa，测量温度范围为280~470K，并先后测量了纯水、液相HFC-152a的比定压热容以及85%HFC-152a/15%HCFC-22、92%HFC-152a/8%HFC-32等混合物的比定压热容，其测量精度达到0.7%[136-138]。

由于实验室原来的实验平台只能进行低温、中低压区域流体比定压热容的测量，而且系统复杂，质量流量测量偏差较大，自动化程度低不易操作。为了满足工程实际与科学研究中对流体比定压热容的需求，本文重新设计并搭建了流动型高温高压比定压热容实验系统。该系统工作的温度范围为300~723K，压力最高可达40MPa，适用于流体液相和气相比定压热容的测量。

4.2 实验原理

比定压热容的定义为：在一定压力下，单位质量的物质经一微元过程，吸收热量δq后，温度升高δT时，$\delta q/\delta T$为该物质的比定压热容，即

$$c_p = \left(\frac{\delta q}{\delta T}\right)_p \tag{4-2}$$

式中，c_p为比定压热容；δq为吸热量；δT为温度变化。

在实验中，若能精确测量δq与δT，代入式(4-2)，则可获得被测流体的精确比定压热容c_p。在实际测量过程中，微元量的精确测量非常困难，为了便于测量，并保证实验结果的准确性，可将公式(4-2)的微元过程变为有限过程，即单位质量的流体吸收热量q后，温度由T_1升高到T_2，则式(4-2)变为

$$c_p=\frac{q}{\Delta T}=\frac{q}{T_2-T_1}=\frac{Q}{m\cdot\Delta T} \tag{4-3}$$

式中，ΔT 为流体吸热后的温升；T_1 为吸热前流体的温度；T_2 为吸热后流体的温度；m 为时间 τ 内流体质量；Q 为时间 τ 内质量为 m 的流体的吸热量。

通过该变化，将式中的微元量变为易于测量的有限量，降低了实验测量的难度。流动型比定压热容实验系统正是根据此原理设计的。

根据式(4-3)可建立流动型比定压热容实验测量装置，图4-1为流动型量热器原理图和流体沿流动方向温度变化示意图。由图4-1中的原理图可看出：流体流经一装有加热器的管道，流经加热器时吸收热量温度升高，管道的进出口分别装有温度计，用来测量流体进出管道时的温度。该过程对应的温度变化如温度变化示意图所示，在管路的入口处，温度计1测量的流体温度为 T_1，流体流经加热器时，由于吸收热量，温度逐渐上升，在管路的出口处，温度计2测量的流体温度为 T_2。若热量由电加热器供给，流量用质量流量计测量，则在稳定流动的情况下，τ 时间内热量和质量分别为

$$Q=\Phi\tau \tag{4-4}$$

$$m=q_m\tau \tag{4-5}$$

式中，Φ 为流体吸收热量(功率)；τ 为时间；q_m 为质量流量。

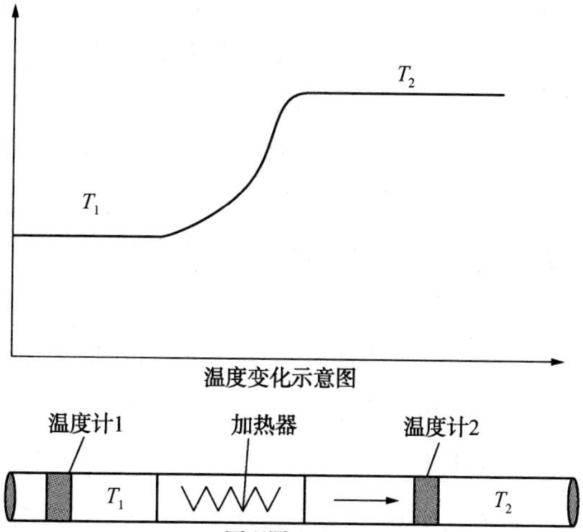

图4-1　流动型量热器原理图及温度变化示意图

将式(4-4)、式(4-5)代入式(4-3)中，可得到流动型实验系统比定压热容的计算式为

$$c_p = \frac{\Phi}{q_m \cdot \Delta T} = \frac{\Phi}{q_m \cdot (T_2 - T_1)} \tag{4-6}$$

在实际实验过程中，只要能够准确测量流体进出口温度 T_1、T_2，流体质量流量 q_m 以及流体吸热功率 Φ，根据式(4-6)就可计算出流体的比定压热容。

式(4-6)计算的流体比定压热容并非压力 p 时 T_1 或 T_2 中某一个状态点的比定压热容，而是 T_1 与 T_2 区间内某个温度点的比定压热容。当 T_1、T_2 值比较接近时，可以认为 c_p 为流体在压力为 p、温度为$\frac{T_1+T_2}{2}$时的近似比定压热容，即 T_1 到 T_2 之间的平均比定压热容。为获得准确的比定压热容，在实际实验过程中，考虑到温度计的精度等因素，一般取 ΔT 为 5K。

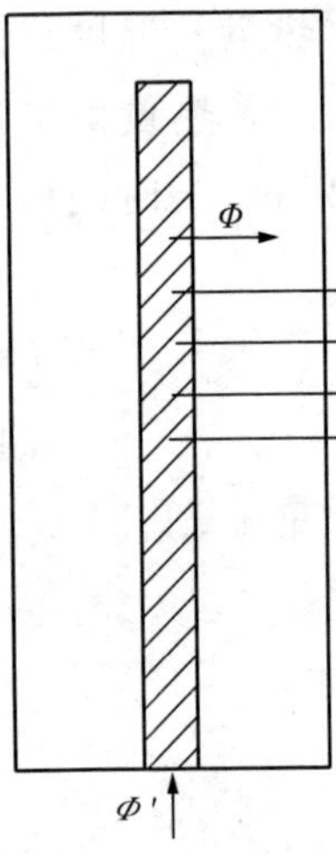

图 4-2　加热器热量流向图

Φ'为加热器电功率，Φ_L、Φ_R、Φ_V、Φ_C 分别为管路导线导漏热、辐射漏热、量热器的对流漏热以及导热漏热

根据式(4-6)计算 c_p 时，必须精确测量出流体的吸热功率 Φ。在理想情况下(没有漏热)，流体吸收热量的功率 Φ 与加热器的电功率 Φ'相等，此时准确测量出加热器两端的电压 U 以及流经加热器的电流 I，根据功率计算方程 $\Phi' = UI$ 可计算得到加热器的功率。虽然在设计过程中，已经采取了相应措施减少加热器的漏热，但由于进出口存在温差，因此漏热不可能完全消除。如图 4-2 所示，Φ'为加热器产生的热量(功率)，热量 Φ 为流体实际吸收的热量，Φ_L、Φ_R、Φ_V 以及 Φ_C 为各种漏热。其中，Φ_L 为系统中测量导线以及管路的导热造成的导热漏热，Φ_R 为量热器管壁与外界辐射换热的漏热，Φ_V 与 Φ_C 分别表示量热器管壁与空气的对流及导热漏热，由此可知

$$\Phi' = \Phi + \Phi_L + \Phi_R + \Phi_V + \Phi_C = \Phi + \Phi_{\mathrm{Sum}} \tag{4-7}$$

式中，Φ_{Sum}为总的漏热量。

在实际过程中，加热器电功率 Φ'能够准确测量，但流体吸热功率 Φ 及漏热功率 Φ_{Sum}无法直接测量，但在计算比定压热容时，需要的是流体的实际吸热功率 Φ。将式(4-6)与式(4-7)相结合可得

$$c_{p,\mathrm{app}}=\frac{\Phi'}{q_m\cdot\Delta T}=\frac{\Phi}{q_m\cdot\Delta T}+\frac{\Phi_{\mathrm{Sum}}}{q_m\cdot\Delta T}=c_p+\frac{\Phi_{\mathrm{Sum}}}{q_m\cdot\Delta T} \tag{4-8}$$

在式(4-8)中，$c_{p,\mathrm{app}}$为实验结果直接计算值，称为视比定压热容；c_p 为流体真实比定压热容；$\frac{\Phi_{\mathrm{Sum}}}{q_m\cdot\Delta T}$为 $c_{p,\mathrm{app}}$与 c_p 的差值，称为偏差项，由漏热造成。为了获得流体真实的比定压热容，必须将漏热完全消除或尽可能地减小。

由于温差的存在，漏热不可能完全消除，为了尽量减小总漏热 Φ_{Sum}，由式(4-7)可知，需要分别减小 Φ_L、Φ_R、Φ_V 以及 Φ_C 等各项漏热。为了减小导线以及管路的导热漏热 Φ_L，可以通过增加导线及管路长度，以减小温度梯度等措施来实现；为了减小量热器的辐射漏热 Φ_R，可以采取在加热器以及温度计周围加装防辐射罩等措施来实现；为了减小对流和导热漏热 Φ_V 和 Φ_C，可以采取将量热器所在容器抽真空等措施来实现。

相应的措施能够减少各项漏热，但是并不能完全消除漏热。通过对加热器热量流向分析可知，当进出量热器的流体温度稳定后，即温度场不变时，加热器漏热量 Φ_{Sum}与流体的流量 q_m 无关，只与进出口的温度 T_1、T_2 和温差 ΔT 有关。

由式(4-8)中偏差项$\frac{\Phi_{\mathrm{Sum}}}{q_m\cdot\Delta T}$可知，当 ΔT 一定时，漏热 Φ_{Sum}不变，当 $q_m\to\infty$ 时，则$\frac{\Phi_{\mathrm{Sum}}}{q_m\cdot\Delta T}\to 0$，即当流体流量趋于无穷大时，则偏差项趋于 0，可忽略不计。在实际操作工程中，q_m 不可能取到无限大。为了消除偏差项，可以在同一个状态下，通过改变流量获得不同流量下的 $c_{p,\mathrm{app}}$，然后拟合 $c_{p,\mathrm{app}}$关于 $1\cdot q_m^{-1}$ 的一次关系式，接着外推至 $1\cdot q_m^{-1}=0$，则拟合直线在纵坐标轴上的截距为流体在该状态下的真实比定压热容 c_p，其原理如图 4-3 所示。通过上面这种方法可以修正由漏热引起的偏差，从而获得流体的真实比定压热容。

在实验过程中除了漏热，量热器进出口温度的测量准确与否也会影响流体比定压热容测量结果的精度。首先，在加热器不加热，流体不流动的情况下，量热器中使用的两支铂电阻温度计测得的温度不可能完全一致，存在一定的偏差。本文实验系统中使用标定过的二等精度铂电阻温度计测温，同样温度下二者偏差基本在 10mK 以内，一般选用进口温度计所测温度作为标准温度；其次，在流体流经量热器时，由于焦耳-汤姆逊效应，流体温度产生变化，温度变化跟流体的状态有关，可能上升或下降，也可能不变。在实验过程中将温度计本身的偏差 ΔT_{a1} 以及焦耳-汤姆逊效应引起的温度变化 ΔT_{a2} 之和 ΔT_a 称为系统温度偏差。实验过程过程中，测量得到的进出口温度之差 ΔT_m 减去系统温度偏差 ΔT_a，得到的结果为流体的真实温升 ΔT，即

$$\Delta T=\Delta T_m-\Delta T_a \tag{4-9}$$

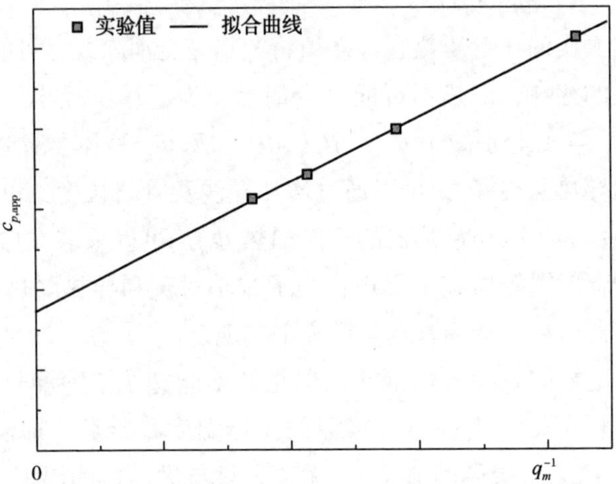

图 4-3　$c_{p,\mathrm{app}}$ 与 q_m^{-1} 关系图

4.3　实验系统

根据流动型量热法实验原理，设计搭建了流动型比定压热容实验系统。实验系统主要由量热器、管路系统、真空系统、恒温槽、测量系统、数据采集系统及相关的连接管路、阀门、测量线路等构成。

4.3.1　量热器

量热器是整个比定压热容实验系统的核心部件，量热器的性能直接决定整个实验系统测量精度。本文的实验系统采用的量热器结构如图 4-4 所示，图 4-5 为量热器实物照片。量热器由加热器、管路、两根铂电阻温度计及本体组成。温度计的适用温度最高可达 723K，因此加热器是将缠绕的加热丝放入石英管中，保证加热器能够在高温环境中正常使用。加热器与铂电阻温度计在量热器中的放置位置如图 4-4 所示，采用套管方式布置。这种布置方式加热器漏热量小，温度计测量温度更加准确。

图 4-4 中加热器套管的尺寸为 ϕ18mm×3.5mm，长度为 100mm，内部有一个尺寸为 ϕ9mm×1.5mm，长度为 85mm 的套筒放置加热器；温度计套筒的外部尺寸为 ϕ15mm×3mm，长度 55mm，内部尺寸为 ϕ8mm×2mm，长度为 40mm，用来安装温度计；套筒内部的环形腔之间的距离约为 1mm，套筒之间通过 ϕ3mm×1mm 的管路连接。套筒及管路的材质均为 0Cr18Ni9Ti 不锈钢，测量压力最高可达 40MPa。实验过程中流体沿图中箭头方向依次流过三个套筒。

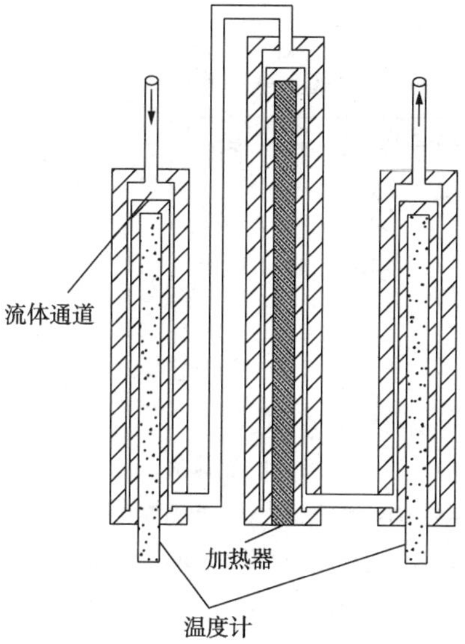

图 4-4　量热器结构示意图

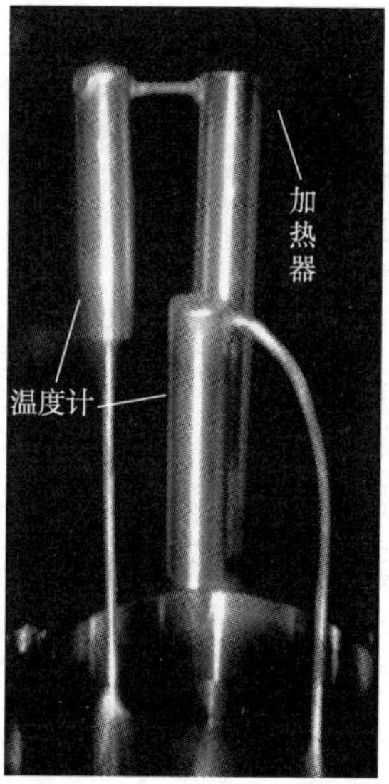

图 4-5　量热器实物照片

为了减小量热器在实验过程中的漏热，需要采取一定的措施。量热器与自身及外部空间的热交换主要有：导热换热、对流换热及辐射换热。将量热器放置于真空环境中可以减少其对流换热；为了减小导热换热，可以延长出口管路以及导线的长度，减小其温度梯度，从而减少导热换热；为了减少辐射换热，在管道及各套筒外加设辐射系数较小的材料形成辐射屏，减小辐射换热。此外，在环形腔壁面上加工螺纹，提升流体的换热效率，更有效地吸收加热器产生的热量；同时使得温度计能够更快达到流体的温度，提升实验效率。

4.3.2　管路系统

图 4-6 为流动型比定压热容实验系统的示意图。实验系统主要由量热器

本体EC、平流泵P、减压阀PR与背压阀PB、流量计MF、真空泵V、试样瓶B、恒温槽TB、压力变送器P_1与P_2、测量系统及管路系统等组成。管路系统通过ϕ3mm×1mm的不锈钢管、阀门将实验本体EC、平流泵P等其他部件连接起来，组成一个闭式循环系统。

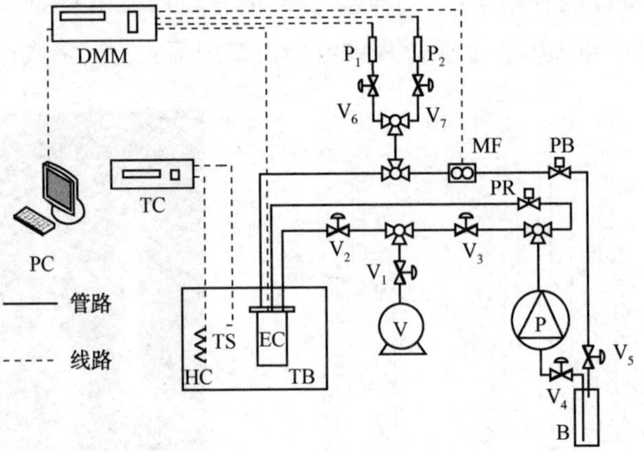

图4-6　比定压热容实验系统示意图

V_1~V_7—截止阀；PR—减压阀；PB—背压阀；P—平流泵；

V—真空泵；MF—流量计；EC—量热器；TB—恒温槽；TS—控温温度计；

HC—恒温槽加热器；TC—温度控制器；P_1、P_2—压力变送器；B—试样瓶；

DMM—采集仪表；PC—计算机

管路系统起着连接实验系统中各部件的作用，因此对管路的耐压性和密封性要求较高。在实验开始前需要检测管路的承压能力和密封性，测试时使用平流泵向整个管路系统注水使压力升高到40MPa，保持10h，无泄漏现象，则认为整个系统的承压能力符合实验要求；气密性一般在承压能力检验之后进行，向管路系统中充入高压氮气，保持10h以上，压降小于50kPa，认为气密性良好。

实验时为保证主管路中测量区域工质压力稳定，在平流泵P的后侧安装了减压阀PR，试样瓶B前安装了背压阀PB，通过调整减压阀与背压阀可使二者之间的区域压力保持稳定，达到定压测量的目的。

4.3.3　真空系统

真空系统用于对实验本体及实验管路抽真空。真空系统主要由真空泵及相关的连接管路构成。如图4-6所示，真空泵V通过阀门V_1及V_2与量热器本体 EC 连接，在实验时对量热器本体进行抽真空，可减少量热器对流及导热漏热。通过阀门 V_1与 V_3真空泵与流体管路连接，在实验开始前，对管路系统进行抽真空，之后关闭阀门 V_3，最后工质进入实验系统，这样可保证实验时试样的纯度，防止空气等杂质污染试样，提高实验结果的可靠性。

4.3.4 恒温槽

恒温槽的作用是为量热器提供恒温环境。比定压热容的测量条件一般为等温变压力，稳定的温度环境是精确测量比定压热容的重要条件，如图 4-6 所示，实验过程中比定压热容的量热器 EC 放置在恒温槽 TB 中。本文所用的恒温槽为专门设计加工的高温空气恒温槽，该恒温槽的设计使用温度为室温~500℃，温度波动度为 $15\text{mK}\cdot 15\text{min}^{-1}$，采用电加热。

4.3.5 测量系统

在实验中，测量系统主要作用为对实验系统中各物理量进行测量和监控，是实验系统的重要组成部分。根据式(4-6)可知，在实验过程中，需要测量的物理量有温度、功率和质量流量，同时还需要对压力进行测量。因此整个测量系统包括：温度测量、压力测量、功率测量和流量测量。

1）温度测量

根据实验原理，流体流经量热器前后的温差通过测量进出口流体的温度获得。温度计的精度直接决定着实验结果的精度，本文选用两支二等精度的铂电阻温度计来测温，两支温度计在使用前均进行了标定。

铂电阻温度计中铂丝的电阻值随温度变化而发生改变，不同的电阻对应不同的温度值。通过测量温度计的电阻，结合标准铂电阻温度计的换算方程，可计算得到温度。铂电阻温度计的电阻测量采用四线制接法，其测量电路如图 4-7 所示，两支铂电阻温度计与一个 100Ω 的标准电阻串联在电路中，并由一个直流电源(Keithley 2400 SourceMeter)为电路供电，供电电流为 1mA；此外，每次实验前标准电阻需用高精度电桥(ASL F700)进行标定(下文中提到的标准电阻在使用前均需进行标定)，最大限度地保证温度测量的精确。在实验过程中，分别采集温度计与标准电阻两端的电压，根据欧姆定律，可以求出温度计的电阻值 R_1、R_2

$$R_x = U_x/I = U_x/(U_R/R) \tag{4-10}$$

式中，R_x 为第 x(1 或 2) 个铂电阻温度计的阻值；I 为测量电路中的电流；U_x 为第 x(1 或 2) 个铂电阻温度计两端的电压值；R 为标准电阻的真实阻值；U_R 为标准电阻两端的电压值。

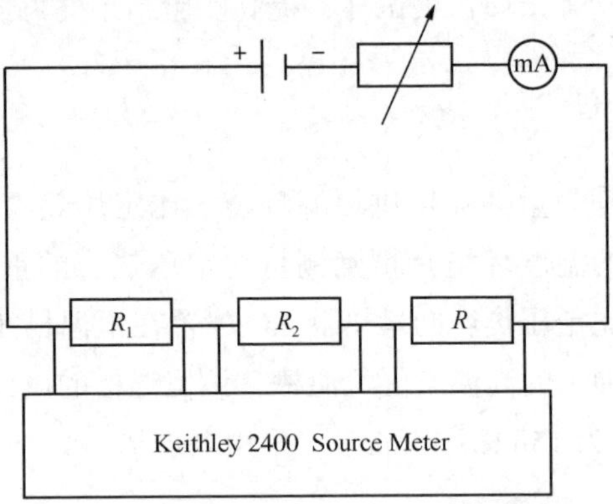

图 4-7 铂电阻温度计电阻测量电路

本文使用的二等精度铂电阻温度计，由北京立丰世通科技发展有限公司制作，其规格型号为 5842-392，两支温度计的编号分别为 115、117，其标定常数如表 4-1 所示。温度计的外径为 ϕ4mm，长度为 60mm，其感温部件位于温度计顶端，在实验中只要保证其前端 40mm 位于量热器测温套管内即可准确测量流体温度，为了增加传热效率，将温度计与量热器套管之间的空隙使用氧化镁粉末进行了填充。

表 4-1 铂电阻温度计的标定常数

编号	W_{sn}	W_{zn}	W_{Ga}	W(100℃)	a	b
115	1.89254	2.56848	1.11811	1.39266	-0.0003	1.4645E-05
117	1.89219	2.56798	1.11805	1.39248	-0.00079	0.00012332

2) 压力测量

本文实验系统测量流体定压条件下的比热容，因此完善的压力测量及监控系统是必需的。实验过程中，稳定的压力环境由平流泵 P、减压阀 PR 和背压阀 PB 组成的调压稳压系统提供，而压力测量由实验系统中的压力变送器 P_1 及 P_2 完成，同时压力测量系统在实验中也起着监控管路中压力是否稳定的作用。

由图 4-6 可以看出，实验系统中使用了 P_1、P_2 两个压力变送器，这两个压力变送器的量程分别为 0~15MPa 与 0~40MPa，可以满足不同压力工况下的实验需求。本文所选用的压力变送器由麦克传感器有限公司提供，其型号为MPM4730智能型压力变送器，其精度为0.2%FS。该型号的压力变送器输入信号为24V的直流电源，输出信号为4～20mA的电流，输出电流与压力呈线性对应的关系。图4-8为压力测量电路图，图中*R*为标准电阻，通过测量标准电阻两端的电压，可以算出压力变送器的输出电流，从而计算出实时的压力。采集到的压力可通过LabView编写的软件直接显示出来，同时起到了监控压力是否稳定的作用。

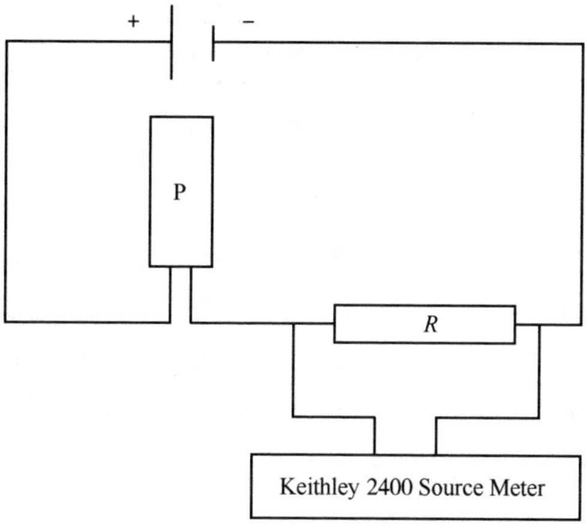

图4-8　压力测量电路

3）加热器功率测量

由式(4-6)可知，功率是测量比定压热容实验的一个重要物理量。功率测量就是测量量热器内置加热器的电功率。加热器采用电加热的方式，因此只要准确测量加热器两端的电压以及电路中电流，就可计算出加热器的加热功率Φ'。

图4-9为加热器功率的测量电路，图中R_1代表加热器，R代表阻值为10Ω标准电阻，其精度为100ppm。根据式(4-11)可知，通过测量R(标准电阻)两端的电压，可以获得电路中的电流I与R_1(加热器)两端电压U_1的乘积，即加热器的加热功率

$$\Phi' = IU_1 = \frac{U}{R}U_1 \qquad (4-11)$$

式中，Φ'为加热器的加热功率；I为电路中的电流；U_1为加热器两端的电压；U为标准电阻两端的电压；R为标准电阻($R = 10\Omega$)。

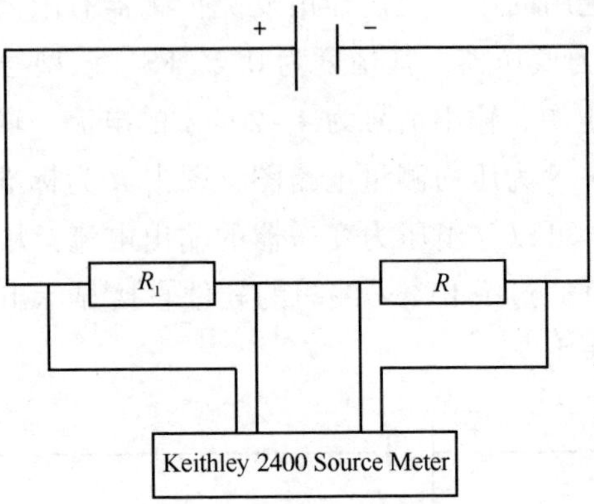

图 4-9　加热器功率测量电路

图 4-10 为加热器的实物照片，其内部为加热丝线圈，外部为石英玻璃管，里面由氧化镁粉末填充，其外径为 ϕ6mm，长度为 80mm，在使用过程中需从两根引线上分别焊接两根引线，使用四线制准确测量加热器的加热功率。在量热器中加热器需完全放入套管内，以减小实验过程中的漏热。加热功率可通过调节直流电源(ITECH IT6322)的供电电压或电流进行调节，调节功率目的是控制工质流经加热器后的温升，综合考虑，一般将温升控制在 5K 左右。

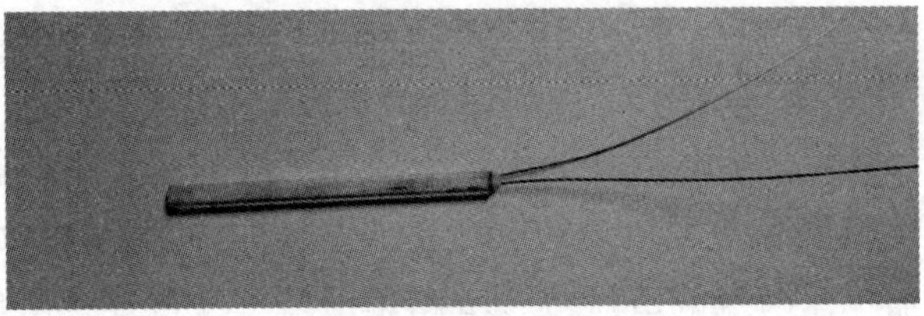

图 4-10　加热器实物照片

4）流量测量

根据式(4-6)可知，实验测量流体比定压热容时，流量为温度、功率之外计算比定压热容的另一重要物理量。流量的测量一般有三种方式：第一种方式是用体积流量计测量体积流量，再用密度将体积流量换算为质量流量；第二种方式为收集一段时间内的流过实验系统的试样，称重后计算平均流量；第三种方式为利用高精度质量流量计测量流过量热器的实时质量流量。采用第一种方法对沸点较低的物质进行实验时，需用相应的温度压力下的密度值，使用不方便，测量精度不高；本文实验系统为全封闭循环式实验系统，无法采用第二种；因此选用第三种方式，其优点为自动化程度较高并且可实时监测管路中的流量是否稳定。

质量流量的测量精确与否对比定压热容的实验结果有直接影响，因此，本文选用了精度很高的质量流量计 Mass2100DI1.5，该流量计由 SIEMENS 公司生产。Mass2100DI1.5 质量流量计的最大量程为 15.0kg · h^{-1}。根据厂家提供的数据，如图 4-11 所示，当待测质量流量为流量计量程的 5%以上时，流量测量结果的不确定度小于 0.1%。表 4-2 为厂家提供的实际校核结果，由表可以看出该流量计的精度基本在 0.1%以内，满足比定压热容精确测量的要求。本文实验时所用流量均超过流量计最大量程的 5%。

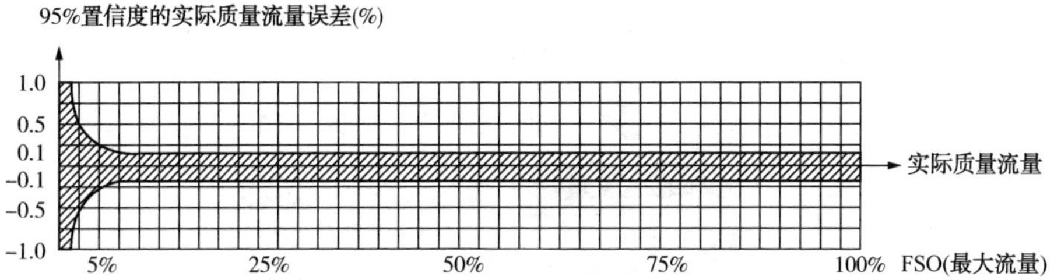

图 4-11　Mass2100DI1.5 质量流量计特性图

表 4-2　Mass2100DI1.5 质量流量计实际校核数据

序号	质量流量/(kg · h^{-1})	温度/℃	真实质量/g	测量质量/g	精度/%
1	14.689	23.2	252.441	252.517	0.03
2	14.680	23.2	252.319	252.393	0.03
3	2.916	23.1	50.113	50.155	0.08
4	2.909	23.1	49.998	50.032	0.07
5	0.773	23.0	26.113	26.147	0.13
6	0.769	23.0	25.977	26.005	0.11

流量计的输出信号为 0~20mA 的直流电流，与设定量程呈线性对应关系，其工作原理与压力传感器类似，将流量计的输出端与一 100Ω 的标准电阻相连，根据欧姆定律，可算出流量计的输出信号，从而得到量热器中的实时流量。流量计不仅可以测量实时流量，同时起着监测实验管路中流量是否稳定的作用。

4.3.6 测量数据采集系统

测量数据采集系统的作用是将前文提到的铂电阻温度计、压力变送器、加热器以及流量计在实验过程中产生的电信号使用多功能数字表采集，并送入计算机进行处理。合理的采集系统能够获得更好的实验结果，图 4-12 为本文的数据采集系统模块示意图。

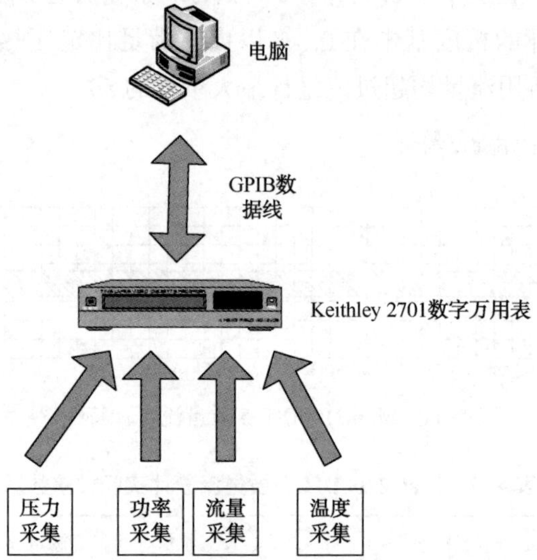

图 4-12 测量数据采集系统模块示意图

压力变送器、加热器、流量计和铂电阻温度计产生的电信号通过一台 Keithley 2701 型多通道数字表进行采集，采集信号通过 GPIB 数据线传输到计算机中。Keithley 2701 多通道数字表通过 GPIB 数据线与计算机进行通信。采集程序基于 LabView 软件编制，可通过 GPIB 数据线控制万用表，并从万用表中读取采集数据，处理后保存为表格形式，并绘制成相应的图像，如图 4-13 所示。数据采集处理结果的实时图像显示，在实验中起着监控实验系统是否稳定，数据是否符合采集标准等的作用。在实验过程中，通过观察采集软件绘制的图像，可以判断实验过程中压力、温度等是否稳定。当温度、压力及温差满足采集标准后，连续采集 100 个数据点进行处理获得流体比定压热容的实验结果。

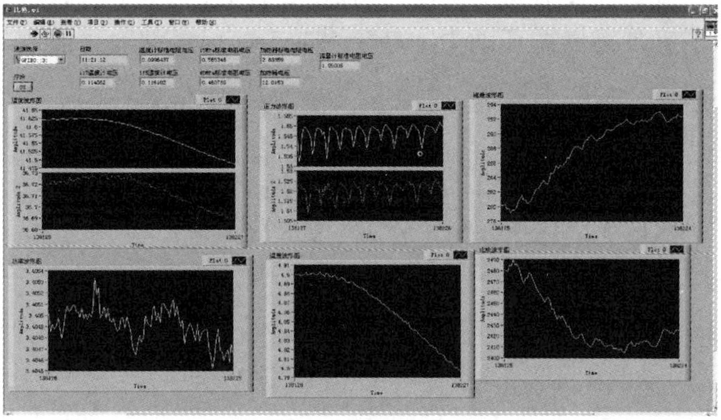

(a)数据采集程序前面板

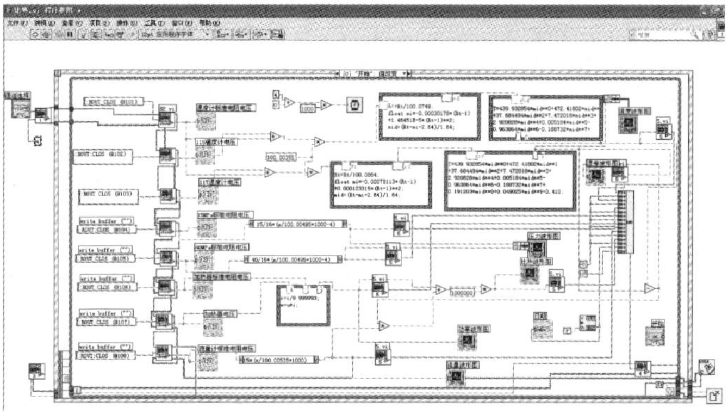

(b)数据采集系统程序框图

图 4-13　数据采集系统前面板及程序框图

4.4　本章小结

本章根据比定压热容的测量原理，设计并建立了流动型比定压热容实验系统，主要工作有下面几点：

（1）根据比定压热容的测量原理设计了量热器。量热器中使用标定过的二等铂电阻温度计测温，精度较高；加热器为石英管式加热器，满足高温测量的需求。温度计、加热器均采用套管式布置，减少了漏热，提升了实验系统的可靠性。

（2）围绕量热器搭建了流动型比定压热容实验系统。采用高精度的压力变送器、质量流量计分别测量流体压力及质量流量。整个实验系统为闭式循环系统，由平流泵提供循环动力。基于 LabView 程序编写了温度、压力、质量流量及加热器功率的采集处理程序。实验系统适用温度最高可达 723K，压力最高可达 40MPa。

总体上，本文实验系统自动化程度高，适用于高温高压下流体比定压热容的测量，为流体比定压热容的实验研究奠定了基础。

5 HFC-161比定压热容实验测量

比定压热容是制冷剂一项重要的热物理性质，是制冷循环热力计算的基础。HFC-161 作为一种新型替代制冷剂，其比定压热容数据十分匮乏，之前仅有少量液相比定压热容数据报道，且温度与压力范围较窄。本章利用新搭建的流动型比定压热容实验系统对 HFC-161 的比定压热容进行实验测量。

5.1 实验流程

5.1.1 实验准备

在实验开始前，需要做相应的准备工作，并对实验系统进行测试，解决实验系统运行中可能遇到的问题，确保实验系统能够安全可靠地运行。准备工作主要包括以下几个方面：

(1) 承压性与气密性检验　检查承压性时使用平流泵向系统管路中注水，使压力升高到 40MPa，保持 12h 以上，无泄漏则认为系统承压性符合实验要求。使用高压氮气检验系统密封性，10h 内管路中压降小于 50kPa，则认为密封性良好。承压性检验确保了实验系统的安全；气密性检验保证实验过程中试样无泄漏，确保实验结果的可靠。

(2) 管路清洗　首先使用丙酮对管路进行清洗；之后用酒精将管路中的丙酮冲洗干净并排出实验管路；最后使用空气泵对管路进行吹风，使管路中的酒精完全挥发，确保实验管路的清洁。

(3) 实验仪表的检测　在实验开始前，应对实验系统中的仪表及电路进行检测，确认仪器仪表完好，电路连接正确；打开仪表与电源，运行采集程序，确定实验系统中电源、温度计、压力表、加热器、流量计以及采集仪表等能够正常工作。

完成实验前的准备工作后，确保实验系统能够正常运行，则可以开始实验，进行流体比定压热容的测量。

5.1.2 实验步骤

将待测流体试样瓶与实验管路连接完成后，按照以下步骤进行实验：

(1) 抽真空　在待测流体进入系统管路前需要对管路系统抽真空，保证待测流体试样不被空气污染。此外，还需要对量热器本体抽真空，减少实验过程中量热器的导热和对流热损失。

(2) 设定恒温槽温度　将恒温槽设定到所需温度，待恒温槽温度及量热器温度稳定后，采集两支温度计在试样不流动、加热器不工作时的温差 ΔT_{a1}。

(3) 待测流体进入系统　打开待测流体与实验系统之间的阀门，运行平流泵并设定到预定流量，使待测流体在实验管路中开始流动。然后调节减压阀与背压阀，使管路中压力稳定在预设压力。

(4) 系统偏差温度测量　当管路中流体流动稳定之后(压力、温度均稳定)，采集此时量热器进、出口的温度并计算温差 ΔT_{a2}，结合 ΔT_{a1}则可计算获得系统的偏差温度 $\Delta T_a=\Delta T_{a1}+\Delta T_{a2}$。

(5) 加热器工作　系统的偏差温度采集完毕后，打开加热器，开始对量热器中流体进行加热。调节加热器功率，使量热器进出口温差最终控制在 5.0K 左右。当温度及温差稳定后，采集数据并保存。然后调节流量，测得该状态下不同流量时的视比定压热容 $c_{p,\mathrm{app}}$，最终计算出该状态下流体的实际比定压热容 c_p。当该压力点下流体的比定压热容测量完毕后，关闭加热器，调节系统压力至下一状态点，重新测量系统偏差温度后，再次打开加热器，测量新状态下流体的比定压热容。

(6) 当一条等温线上所有压力下流体的比定压热容测试完毕后，重新设定恒温槽温度并重复步骤(2)~(5)，测量不同温度与压力下流体的视比定压热容，并计算待测流体的真实比定压热容，最终完成待测试样在不同温度压力下比定压热容的测量。

此外，在实验过程中需要注意的有以下两点。

(1) 温度的稳定如何确定　恒温槽温度与进、出口温度计测量温度的稳定，都遵循一个标准：进、出口两支温度计测量温度波动保持在 $5\mathrm{mK}\cdot10\mathrm{min}^{-1}$

以内，温差波动同样稳定在 5mK · $10min^{-1}$以内；在温度超过 473K 时，温度计测量温度及温差波动应稳定在 10mK · $10min^{-1}$以内。此时认为温度稳定且均匀，满足数据采集的要求。

（2）数据采集　在某一工况下，实验系统达到平衡后，需对实验数据进行采集计算。在采集过程中，为了减小由于温度、压力等偶然波动造成的影响，一般采集连续稳定的 100 个数据点进行数据处理。

5.2　实验系统的检验

实验准备工作完成后，为检验实验系统的稳定性与可靠性，本文测量了纯水的比定压热容。测量的温度范围为 304.3～577.1K，沿 7 条等温线分布，压力最高至 15MPa，总计 34 个实验点，测点的 $p-T$ 图上的分布如图 5-1 所示。水的比定压热容实验测量结果列于表 5-1 中，测量结果分布如图 5-2 所示，测量结果分别与 Sirota[139] 和 Naziev[140] 实验结果的内插值进行了比较，此外与 Wagner[141]（水的通用状态方程）的计算值也进行了比较，比较结果列于表 5-1 中。

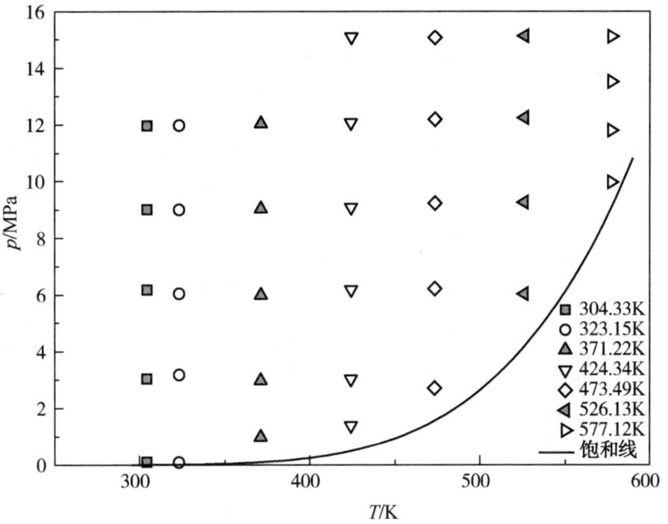

图 5-1　水比定压热容测量点的分布

表 5-1　水的比定压热容测量结果及其与文献值的对比

T/K	p/MPa	$c_{p,\mathrm{exp}}$/(kJ·kg^{-1}·K^{-1})	$c_{p,\mathrm{Sir}}$/(kJ·kg^{-1}·K^{-1})	*Dev.* 1*/%	$c_{p,\mathrm{Naz}}$/(kJ·kg^{-1}·K^{-1})	*Dev.* 2*/%	$c_{p,\mathrm{Wag}}$/(kJ·kg^{-1}·K^{-1})	*Dev.* 3*/%
304.24	0.10	4.1869	4.1816	0.13	—	—	4.1796	0.18
304.28	3.03	4.1554	4.1713	−0.38	4.1754	−0.48	4.1718	−0.39
304.37	6.18	4.1720	4.1601	0.29	4.1663	0.14	4.1636	0.20
304.40	9.01	4.1620	4.1527	0.22	4.1584	0.09	4.1564	0.14
304.36	11.97	4.1613	4.1466	0.36	4.1504	0.26	4.149	0.30
323.09	0.09	4.2017	4.1825	0.46	—	—	4.1814	0.48
323.13	3.18	4.1719	4.1713	0.01	4.1759	−0.10	4.1743	−0.06
323.15	6.04	4.1598	4.1599	0.00	4.1687	−0.21	4.1679	−0.19
323.17	9.00	4.1464	4.1513	−0.12	4.1615	−0.36	4.1613	−0.36
323.19	11.97	4.1397	4.1444	−0.11	4.1547	−0.36	4.1549	−0.37
371.11	0.99	4.2304	4.2286	0.04	—	—	4.2113	0.45
371.19	2.98	4.2135	4.2129	0.01	4.2013	0.29	4.2069	0.16
371.24	5.99	4.1991	4.1969	0.05	4.1946	0.11	4.2002	−0.03
371.27	9.03	4.1849	4.1852	−0.01	4.1880	−0.07	4.1936	−0.21
371.30	12.04	4.1695	4.1759	−0.15	4.1816	−0.29	4.1872	−0.42
424.24	1.39	4.3254	4.3327	−0.17	—	—	4.3070	0.43
424.29	3.03	4.3196	4.3156	0.09	4.2969	0.53	4.3019	0.41
424.35	6.18	4.2735	4.2925	−0.44	4.2873	−0.32	4.292	−0.43
424.43	9.08	4.2623	4.2769	−0.34	4.2788	−0.39	4.2832	−0.49
424.19	12.07	4.2870	4.2631	0.56	4.2695	0.41	4.2736	0.31
424.52	15.08	4.2470	4.2525	−0.13	4.2616	−0.34	4.2655	−0.43
473.34	2.71	4.4839	4.4932	−0.21	4.4827	0.03	4.4901	−0.14
473.45	6.22	4.4674	4.4542	0.30	4.4651	0.05	4.4709	−0.08
473.51	9.23	4.4546	4.4293	0.57	4.4503	0.10	4.4549	−0.01
473.56	12.19	4.4451	4.4090	0.82	4.4361	0.20	4.4397	0.12
473.61	15.07	4.4256	4.3917	0.77	4.4225	0.07	4.4255	0.00
526.00	6.03	4.8654	—	—	4.8666	−0.02	4.8746	−0.19
526.12	9.26	4.8297	—	—	4.8235	0.13	4.833	−0.07

续表

T/K	p/MPa	$c_{p,\mathrm{exp}}$/(kJ·kg^{-1}·K^{-1})	$c_{p,\mathrm{Sir}}$/(kJ·kg^{-1}·K^{-1})	*Dev.* 1*/%	$c_{p,\mathrm{Naz}}$/(kJ·kg^{-1}·K^{-1})	*Dev.* 2*/%	$c_{p,\mathrm{Wag}}$/(kJ·kg^{-1}·K^{-1})	*Dev.* 3*/%
526. 17	12. 25	4. 8069	—	—	4. 7861	0. 44	4. 7966	0. 22
526. 23	15. 12	4. 7828	—	—	4. 7527	0. 63	4. 7641	0. 39
577. 06	9. 96	5. 7918	—	—	—	—	5. 8187	-0. 46
577. 11	11. 80	5. 6993	—	—	—	—	5. 7245	-0. 44
577. 14	13. 51	5. 6701	—	—	—	—	5. 6448	0. 45
577. 18	15. 11	5. 5974	—	—	—	—	5. 5776	0. 35

*：$Dev.\ 1=(c_{p,\mathrm{exp}}-c_{p,\mathrm{Sir}})/c_{p,\mathrm{Sir}}\times100$

$Dev.\ 2=(c_{p,\mathrm{exp}}-c_{p,\mathrm{Naz}})/c_{p,\mathrm{Naz}}\times100$

$Dev.\ 3=(c_{p,\mathrm{exp}}-c_{p,\mathrm{Wag}})/c_{p,\mathrm{Wag}}\times100$

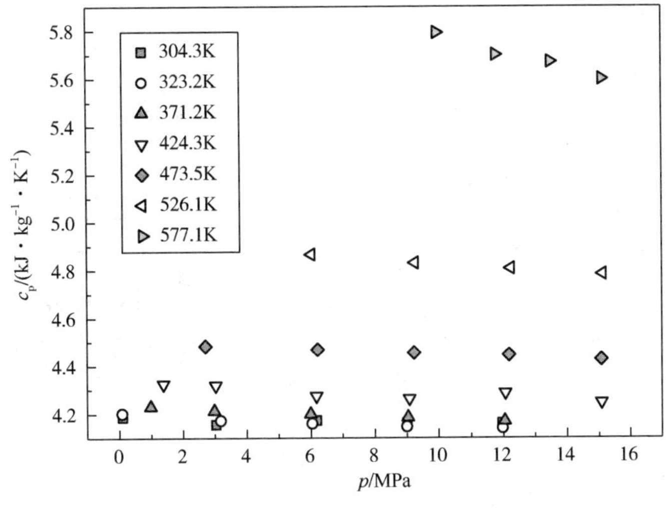

图 5-2　水的比定压热容测量结果

纯水比定压热容实验结果与 Sirota 实验结果的插值相比，最大偏差为 0. 82%，绝对平均偏差为 0. 26%，偏差分布如图 5-3 所示，由图可以看出本文测量值的偏差基本在 0. 6%以内；与 Naziev 实验结果的插值相比，最大偏差为 0. 63%，绝对平均偏差为 0. 24%，偏差分布如图 5-4 所示，偏差基本在 0. 5%以内；与 Wagner 方程计算值相比，最大偏差为-0. 49%，绝对平均偏差为 0. 28%，偏差分布如图 5-5 所示。

总体上，本文测量结果与文献实验值相比，最大偏差为 0.82%，绝对平均偏差小于 0.3%。该结果证明了本文设计搭建的流动型比定压热容实验系统具有较高的测量精度，满足流体比定压热容测量的要求。

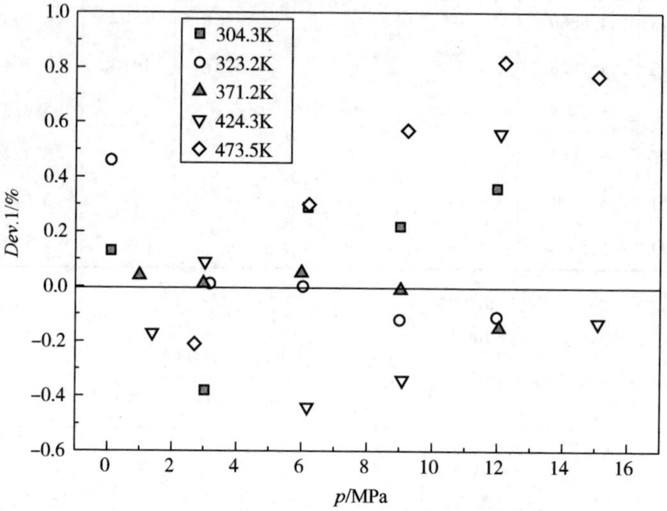

图 5-3　水的比定压热容实验值与 Sirota 实验结果的比较

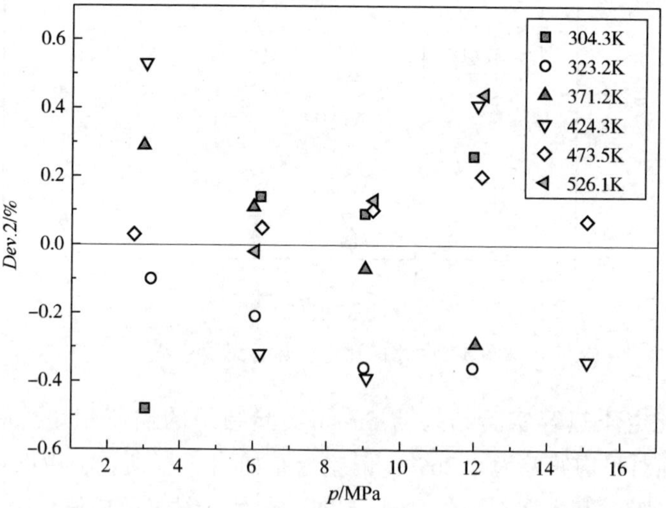

图 5-4　水的比定压热容实验值与 Naziev 实验结果的比较

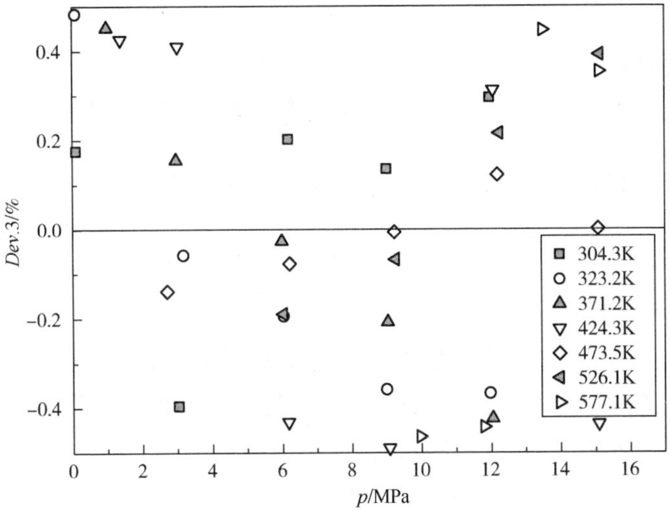

图 5-5　水的比定压热容实验值与 Wagner 方程计算值的比较

5.3　HFC-161 比定压热容的实验测量

HFC-161 的比定压热容仅有 He[42] 使用 DSC 法测量了部分液相数据，其测量的温度范围为 305.15～360.15K，压力最高到 5.5MPa。为了深入研究 HFC-161 的比定压热容，本文扩展了其液相比定压热容温度及压力的测量范围，首次测量了其气相比定压热容，丰富了 HFC-161 的热物性数据，为 HFC-161 的推广应用奠定了基础。

由于 HFC-161 在常温常压下为气态，因此测量时需要将其装入密闭容器，与实验管路形成一个闭式循环系统。为了消除制冷剂在生产过程中可能混入的润滑油，本文使用液氮冷却试样瓶，并收集气相 HFC-161，保证了试样的纯度，提高了实验结果的可靠性。

为了使量热器内部流体温度长时间保持稳定，需要使流体在恒温槽内充分换热达到稳定状态，因此在量热器之前加装了一段盘管，并在盘管外部缠绕了紫铜带，提升换热效率。由于 HFC-161 的液相密度远大于气相密度，因此在流量相同时，气相 HFC-161 在管路中的流速远大于液相流速。在测量液相比定压热容时，由于流速较慢，流体经过盘管进入量热器时温度已经稳定；而测量气相比定压热容时，HFC-161 进入恒温槽时首先进行气化，需吸收大量热量，因此进入量热器时，温度可能并未稳定，甚至不能完全气化，导致温度、流量波动较大。为此，在 HFC-161 进入恒温槽之前的管路上缠绕加热带，并将加热带温度设定为比恒温槽温度高 15~20K，使试样在进入恒温槽之前完全气化，流经盘管后温度达到稳定状态，满足实验测量的要求。

5.3.1 量热器系统温度偏差及漏热量变化规律

系统温度偏差主要由温度计本身的偏差 ΔT_{a1} 以及流体流经量热器时由焦耳-汤姆逊效应引起的节流温差 ΔT_{a2} 组成。两支温度计本身的测温偏差非常小，基本在 10mK 以内，本文以进口温度计所测温度为基准温度。经多次测量后发现，在不同压力下流体流动稳定后，两支温度计的温差与不流动时的温差基本相等，表明流体在流经量热器时节流效应很小，进、出口温度不发生变化，节流温差为 0。因此在实验过程中可仅测量流体流动稳定后的温度偏差，作为系统温度偏差。

理论上，在同一温度下，进、出口温差相同时，量热器的漏热量(功率)应该与流量、压力无关。在实验中发现，在同一温度及压力下，流量不同时，漏热量的大小基本相同；而当压力变化时，漏热量会产生细微变化，变化主要是由于每个压力点下环境温度及温差都会产生细小波动，从而导致漏热量发生轻微波动，如图 5-6 所示，HFC-161 在 303.5K 等温线上漏热量随温度的变化波动在 1.5mW 以内，漏热量波动与平流泵设定流量为 25mL · min^{-1}时的加热功率(最小功率 3.104W)相比小于 0.05%，由此可见，漏热量在一条等温线上随压力变化基本不变，与理论相符。

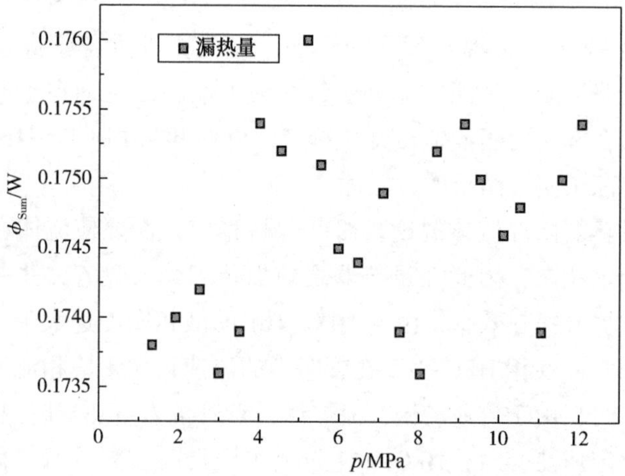

图 5-6　HFC-161 沿 303.5K 等温线漏热量随压力的变化

为提升实验效率，本文在实验时一般选取每条等温线上第一个压力点、压力最大点以及压力中间点分别测量得到各状态点漏热量并取其平均值作为该等温线下的漏热量。在进行实验时需严格控制恒温槽温度及量热器中流体的温升在各个压力点下的波动，以免引起漏热量较大的波动，导致实验结果精度下降。

5.3.2 HFC-161 液相比定压热容的测量结果及分析

本次实验研究在液相区共获得 161 个 HFC-161 比定压热容数据，其温度范围为 303.5~383.7K，压力范围为饱和压力至 12.0MPa。HFC-161 液相比定压热容的实验结果列于表 5-2，测点分布如图 5-7 所示，实验结果的 c_p-p 图如图 5-8 所示。

表 5-2　HFC-161 液相比定压热容实验结果

T/K	p/MPa	$c_{p,\mathrm{exp}}$/ ($\mathrm{kJ \cdot kg^{-1} \cdot K^{-1}}$)	T/K	p/MPa	$c_{p,\mathrm{exp}}$/ ($\mathrm{kJ \cdot kg^{-1} \cdot K^{-1}}$)
303.42	1.34	2.2321	303.51	11.05	2.0850
303.47	1.93	2.2209	303.52	11.56	2.0894
303.50	2.52	2.2106	303.54	12.05	2.0810
303.53	3.00	2.2061	313.41	1.51	2.3385
303.55	3.51	2.1980	313.31	2.01	2.3016
303.57	4.01	2.1935	313.35	2.56	2.2897
303.55	4.55	2.1823	313.33	3.08	2.2735
303.52	5.20	2.1607	313.35	3.50	2.2589
303.53	5.54	2.1551	313.36	4.00	2.2491
303.53	5.98	2.1481	313.37	4.51	2.2365
303.48	6.47	2.1366	313.39	5.07	2.2280
303.51	7.10	2.1290	313.42	5.49	2.2262
303.53	7.52	2.1277	313.41	6.08	2.2134
303.50	8.03	2.1188	313.43	6.51	2.2062
303.52	8.44	2.1210	313.37	7.03	2.1845
303.53	9.13	2.1092	313.39	7.49	2.1780
303.49	9.53	2.0986	313.42	7.98	2.1784
303.50	10.10	2.0975	313.38	8.49	2.1579
303.52	10.52	2.0941	313.40	9.09	2.1559

续表

T/K	p/MPa	$c_{p,\mathrm{exp}}$/ (kJ · kg^{-1} · K^{-1})	T/K	p/MPa	$c_{p,\mathrm{exp}}$/ (kJ · kg^{-1} · K^{-1})
313. 38	9. 51	2. 1415	333. 97	5. 00	2. 4378
313. 40	10. 01	2. 1391	333. 97	5. 50	2. 4117
313. 42	10. 49	2. 1380	333. 98	5. 99	2. 3888
313. 43	10. 98	2. 1331	334. 00	6. 53	2. 3703
313. 47	11. 47	2. 1339	334. 02	7. 05	2. 3476
324. 11	2. 05	2. 4103	334. 05	7. 49	2. 3323
324. 13	2. 57	2. 3866	334. 05	8. 35	2. 3059
324. 15	3. 00	2. 3687	334. 03	8. 96	2. 2768
324. 18	3. 50	2. 3526	333. 99	9. 50	2. 2554
324. 16	4. 06	2. 3268	334. 01	10. 06	2. 2472
324. 18	4. 51	2. 3116	334. 03	10. 52	2. 2348
324. 21	5. 03	2. 2995	334. 03	11. 04	2. 2280
324. 17	5. 51	2. 2759	334. 05	11. 63	2. 2199
324. 14	5. 98	2. 2597	334. 07	12. 28	2. 2120
324. 16	6. 47	2. 2456	343. 40	2. 84	2. 8281
324. 19	7. 02	2. 2321	343. 44	3. 02	2. 8078
324. 16	7. 52	2. 2137	343. 77	3. 54	2. 7815
324. 13	8. 11	2. 1946	343. 84	4. 04	2. 7275
324. 15	8. 55	2. 1889	343. 88	4. 52	2. 6878
324. 19	9. 04	2. 1827	343. 93	5. 10	2. 6422
324. 21	9. 45	2. 1757	343. 91	5. 56	2. 5989
324. 17	10. 04	2. 1505	343. 89	5. 97	2. 5603
324. 19	10. 51	2. 1467	343. 90	6. 53	2. 5274
324. 19	11. 01	2. 1414	343. 90	7. 04	2. 5005
324. 21	11. 61	2. 1319	343. 90	7. 54	2. 4731
324. 22	12. 03	2. 1274	343. 91	8. 07	2. 4502
333. 86	2. 52	2. 5984	343. 91	8. 53	2. 4290
333. 92	3. 01	2. 5635	343. 92	9. 01	2. 4091
333. 99	3. 51	2. 5369	343. 92	9. 48	2. 3888
334. 00	4. 07	2. 4971	343. 92	10. 01	2. 3692
333. 99	4. 62	2. 4609	343. 92	10. 50	2. 3511

续表

T/K	p/MPa	$c_{p,\exp}$/(kJ · kg^{-1} · K^{-1})	T/K	p/MPa	$c_{p,\exp}$/(kJ · kg^{-1} · K^{-1})
343. 93	11. 01	2. 3360	363. 61	9. 52	2. 6207
343. 96	11. 57	2. 3262	363. 61	10. 00	2. 5771
343. 99	12. 13	2. 3143	363. 66	10. 58	2. 5504
353. 68	3. 48	3. 2708	363. 68	11. 00	2. 5283
353. 82	4. 03	3. 1017	363. 71	11. 51	2. 5088
353. 86	4. 50	2. 9874	363. 75	12. 01	2. 4876
353. 85	5. 03	2. 8782	373. 37	5. 54	4. 5486
353. 82	5. 50	2. 8001	373. 55	6. 03	3. 9032
353. 81	6. 00	2. 7369	373. 58	6. 51	3. 5534
353. 79	6. 47	2. 6822	373. 56	6. 99	3. 3257
353. 81	7. 13	2. 6294	373. 57	7. 50	3. 1605
353. 80	7. 53	2. 5947	373. 54	8. 00	3. 0471
353. 78	7. 95	2. 5641	373. 53	8. 50	2. 9563
353. 77	8. 48	2. 5336	373. 48	9. 01	2. 8748
353. 79	9. 09	2. 5086	373. 47	9. 52	2. 8046
353. 80	9. 57	2. 4889	373. 53	9. 99	2. 7592
353. 79	10. 01	2. 4711	373. 58	10. 55	2. 7142
353. 80	10. 48	2. 4547	373. 56	10. 99	2. 6770
353. 81	11. 04	2. 4417	373. 53	11. 48	2. 6234
353. 84	11. 54	2. 4321	383. 10	6. 56	4. 9763
353. 87	11. 95	2. 4170	383. 57	7. 02	4. 2468
363. 33	4. 33	4. 0286	383. 78	7. 49	3. 7938
363. 70	4. 99	3. 5754	383. 86	7. 98	3. 5990
363. 66	5. 49	3. 3209	383. 87	8. 52	3. 3486
363. 62	6. 03	3. 1302	383. 81	9. 09	3. 1498
363. 62	6. 52	3. 0122	383. 74	9. 49	3. 0364
363. 59	7. 00	2. 9124	383. 71	10. 04	2. 9165
363. 59	7. 50	2. 8344	383. 71	10. 55	2. 8332
363. 60	8. 03	2. 7606	383. 74	11. 27	2. 7470
363. 59	8. 48	2. 7119	383. 88	12. 03	2. 6930
363. 63	8. 99	2. 6669			

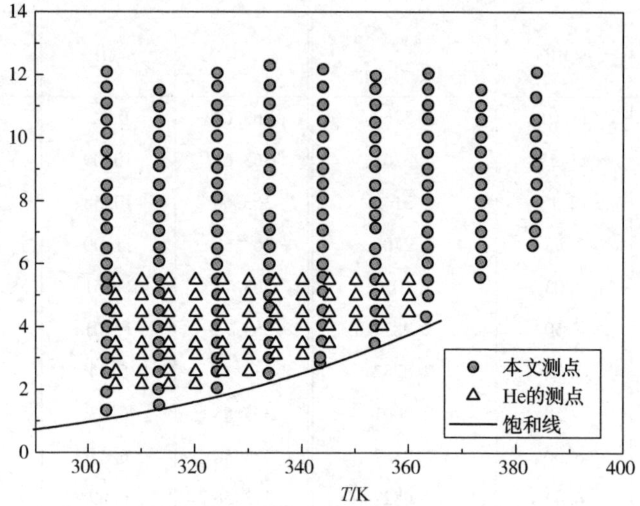

图 5-7　HFC-161 液相比定压热容测点分布

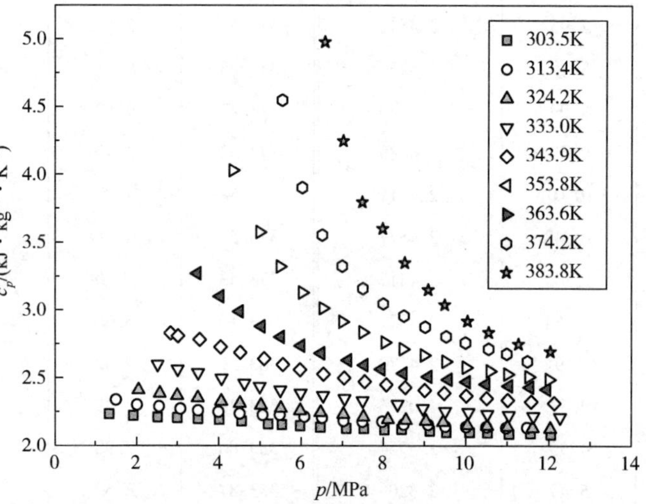

图 5-8　HFC-161 液相比定压热容沿等温线随压力变化图

如图 5-7 中实心圆点所示，本文实验沿 9 条等温线进行，有 8 条位于临界温度以下，一条位于临界温度(375. 3K)之上，为超临界区，本文按液相区处理。HFC-161 的比定压热容实验值沿每条等温线均随压力增大而减小；沿等压线比定压热容则随温度升高而增大。由图 5-8 可以看出：HFC-161 比定压热容在温度为 343. 9K 及以下时，变化趋势近似直线，非常平缓，303. 9K

等温线上，12.05MPa 的实验值仅比 1.34MPa 时的小 6.77%；当温度高于 353.8K 时，靠近饱和线区域时，HFC-161 的比定压热容变大趋势明显，在近临界区域，变大的趋势更加明显，特别 374.2K 与 383.8K 等温线上第一个压力点是最后一个点的将近两倍。在临界区域(374.2K 与 383.8K 等温线上前三个压力点)HFC-161 的比定压热容随压力减小急剧增大，符合比热容在临界区域的变化规律。

由于 HFC-161 比定压热容的文献实验值较少，仅有 He[42]等人利用 C80 测量了少量实验数据。其测量的温度范围为 305.15~360.15K，压力最高到 5.5MPa，共获得 74 个数据，测点分布如图 5-7 中三角所示，其测量结果的不确定度为 4.6%。He 根据其实验数据拟合得到一个计算方程，方程计算值与其实验值相比，最大偏差与绝对平均偏差分别为 1.15%和 0.29%，方程的适用范围为 He 的测量温度与压力范围。

利用 He 给出的计算方程，计算了本文测量数据中位于其适用范围内的点，并与本文的实验结果进行了比较。为了扩大比较范围，增加参与比较的数据点，利用其计算方程计算了 303.5K 等温线上的部分数据点。比较结果显示：该等温线上的偏差与其他区域相符，可参与比较。45 个符合条件的实验点的比较结果列于表 5-3 中，其偏差分布如图 5-9 所示。

表 5-3　He 的实验结果与本文实验结果的比较

T/K	p/MPa	$c_{p,\text{exp}}$/(kJ·kg^{-1}·K^{-1})	$c_{p,\text{He}}$/(kJ·kg^{-1}·K^{-1})	$Dev.$*/%
303.42	1.34	2.2321	2.1787	−2.40
303.47	1.93	2.2209	2.1767	−1.99
303.50	2.52	2.2106	2.1732	−1.69
303.53	3.00	2.2061	2.1698	−1.64
303.55	3.51	2.1980	2.1658	−1.47
303.57	4.01	2.1935	2.1613	−1.47
303.55	4.55	2.1823	2.1560	−1.20
303.52	5.20	2.1607	2.1492	−0.53
303.53	5.54	2.1551	2.1457	−0.44
313.41	1.51	2.3385	2.2736	−2.78
313.31	2.01	2.3016	2.2602	−1.80
313.35	2.56	2.2897	2.2484	−1.80
313.33	3.08	2.2735	2.2373	−1.59

续表

T/K	p/MPa	$c_{p,exp}$/(kJ · kg^{-1} · K^{-1})	$c_{p,He}$/(kJ · kg^{-1} · K^{-1})	$Dev.$ * /%
313. 35	3. 50	2. 2589	2. 2290	−1. 33
313. 36	4. 00	2. 2491	2. 2196	−1. 31
313. 37	4. 51	2. 2365	2. 2101	−1. 18
313. 39	5. 07	2. 2280	2. 2001	−1. 25
313. 42	5. 49	2. 2262	2. 1929	−1. 50
324. 11	2. 05	2. 4103	2. 4017	−0. 36
324. 13	2. 57	2. 3866	2. 3733	−0. 56
324. 15	3. 00	2. 3687	2. 3532	−0. 65
324. 18	3. 50	2. 3526	2. 3324	−0. 86
324. 16	4. 06	2. 3268	2. 3106	−0. 69
324. 18	4. 51	2. 3116	2. 2953	−0. 71
324. 21	5. 03	2. 2995	2. 2790	−0. 89
324. 17	5. 51	2. 2759	2. 2646	−0. 50
333. 86	2. 52	2. 5984	2. 5629	−1. 36
333. 92	3. 01	2. 5635	2. 5163	−1. 84
333. 99	3. 51	2. 5369	2. 4771	−2. 36
334. 00	4. 07	2. 4971	2. 4378	−2. 37
333. 99	4. 62	2. 4609	2. 4050	−2. 27
333. 97	5. 00	2. 4378	2. 3849	−2. 17
333. 97	5. 50	2. 4117	2. 3622	−2. 05
343. 40	2. 84	2. 8281	2. 8194	−0. 31
343. 44	3. 02	2. 8078	2. 7856	−0. 79
343. 77	3. 54	2. 7815	2. 7090	−2. 61
343. 84	4. 04	2. 7275	2. 6419	−3. 14
343. 88	4. 52	2. 6878	2. 5899	−3. 65
343. 93	5. 10	2. 6422	2. 5395	−3. 89
343. 91	5. 56	2. 5989	2. 5082	−3. 49
353. 68	3. 48	3. 2708	3. 1916	−2. 42
353. 82	4. 03	3. 1017	3. 0110	−2. 92
353. 86	4. 50	2. 9874	2. 8951	−3. 09
353. 85	5. 03	2. 8782	2. 8022	−2. 64
353. 82	5. 50	2. 8001	2. 7512	−1. 75

*: $Dev. = (c_{p,He} - c_{p,exp}) / c_{p,exp} \times 100$

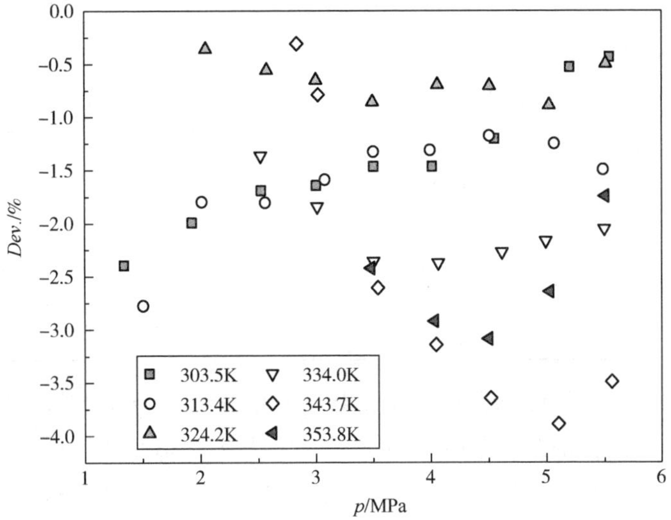

图 5-9 He 的实验结果与本文实验结果比较

He 的实验值与本文实验值相比均偏小，呈现为负偏差，其最大偏差为 -3.89%，绝对平均偏差为 1.73%。偏差存在的原因可总结为以下两点：①He 的计算结果由其拟合的公式计算得到，并非其直接测量结果，计算结果与其测量结果存在一定偏差；②He 在实验过程中需要用到 HFC-161 的密度以及参照物的密度和比定压热容，存在累计偏差。整体上，本文实验结果与 He 的实验结果吻合较好。

5.3.3 HFC-161 液相比定压热容的计算公式及饱和液体比定压热容

HFC-161 的比定压热容实验结果是一系列孤立的点，为了方便工程应用，可将这些数据点拟合为一个计算方程。还可利用液相实验数据沿等温线外推获得 HFC-161 的饱和液体比定压热容。

1）液相比定压热容的计算方程

本文实验得到的是孤立的数据点，为了便于工程中使用需要将离散的数据点拟合成一个计算精度较高的方程。文中将 HFC-161 液相比定压热容无量纲化之后拟合为关于对比温度 T_r 及对比压力 p_r 的计算方程，其形式为

$$\frac{c_{p,\mathrm{cal}}}{R_g}=\frac{a_1+a_2T_r+a_3T_r^2+a_4p_r+a_5p_r^2+a_6p_r^3}{1+a_7T_r+a_8T_r^2+a_9p_r+a_{10}p_r^2+a_{11}p_r^3} \tag{5-1}$$

式中，$R_g=R/M$ 为 HFC-161 的气体常数；M 为 HFC-161 的摩尔质量；R 为通用气体常数，计算方程的系数列于表 5-4 中。

表 5-4　HFC-161 液相比定压热容拟合方程系数

a_1	10. 3816	a_7	-1. 8707
a_2	-18. 8391	a_8	0. 8605
a_3	8. 4205	a_9	9.5890×10^{-3}
a_4	6.9977×10^{-2}	a_{10}	5.0315×10^{-3}
a_5	8.6209×10^{-2}	a_{11}	-2.3338×10^{-3}
a_6	-3.4968×10^{-2}		

利用拟合得到的计算方程对实验状态点的比定压热容进行计算，并与实验值进行了对比，偏差分布如图 5-10 所示。与实验值相比，计算方程计算值的最大偏差为 2. 52%，绝对平均偏差为 0. 74%。比较结果表明：该计算方程在本文温度、压力区间内具有良好的计算精度，可以满足工程实际应用的需求。

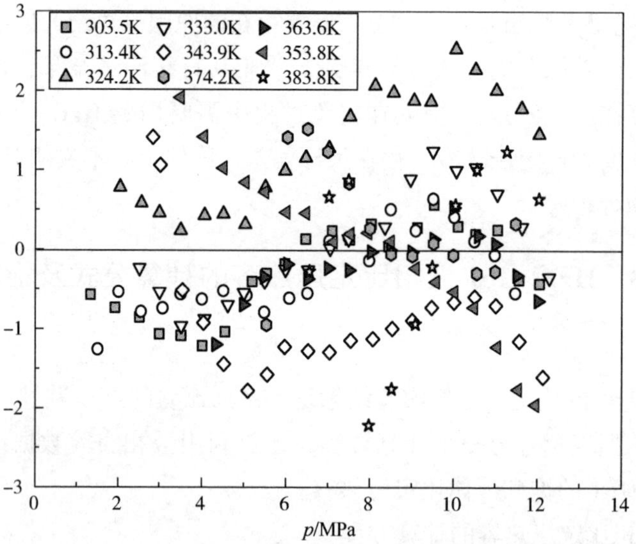

图 5-10　HFC-161 拟合计算方程计算值与实验值的比较

根据实验数据拟合得到计算方程的适用范围仅在实验数据的温度与压力范围内，并不具备外推计算能力。当要用到其他区域 HFC-161 的液相比定压热容时，只能通过理论计算的方法。Lemmon[142] 以及 Wu[43] 提出的基于 Helmholtz 自由能的 HFC-161 专用状态方程能够计算不同区域 HFC-161 的液相比定压热容，但是由于方程在推导过程中并没有精确的比定压热容实验数据作为回归依据，因此，方程的计算精度并不确定。通过计算 HFC-161 本文实验点的比定压热容，并与实验结果进行比较，可以为方程的计算精度提供依据。

Lemmon 的方程适用的温度范围为 130～400K，适用压力最高可达 50.0MPa，因此，本文 HFC-161 实验状态点的液相比定压热容均可以用 Lemmon 的方程计算。与实验值相比，Lemmon 计算值的最大偏差为 12.78%，绝对平均偏差为 2.73%，偏差分布如图 5-11 所示。

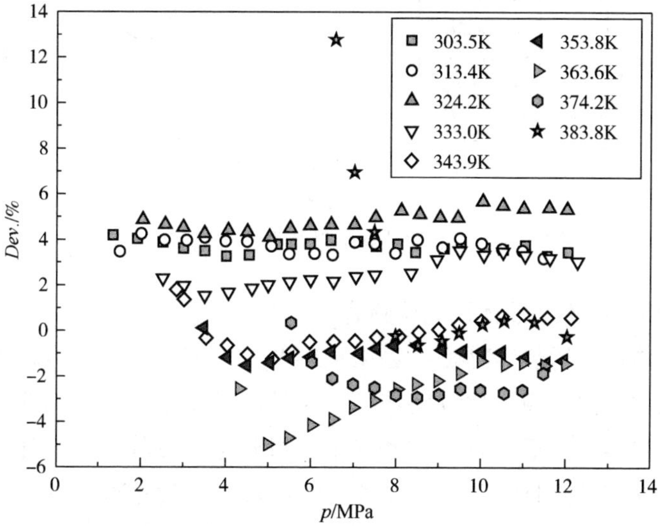

图 5-11　Lemmon 的 HFC-161 比定压热容计算值与本文实验值的比较

Wu 提出的状态方程适用温度范围为 130~450K，压力最高至 5.0MPa，因此，本文仅计算 5.0MPa 以下的测量点，并将计算值与实验值进行比较。参与计算比较的共有 36 个状态点，偏差分布如图 5-12 所示。

由图 5-11 中可以看出，Lemmon 方程的计算值与实验值相比，其绝对偏差基本小于 6%，但在温度为 383.8K 及压力为 6.5MPa、7.0MPa 时绝对偏差大于 6%，特别是 6.5MPa 处，偏差达到了 12.78%。造成这两个点偏差较大的原因是这两个状态点位于近临界区域，比定压热容在该区域变化剧烈，计算结果的可靠性较差。整体来说 Lemmon 方程的计算结果与本文的实验结果相比存在一定偏差，但偏差基本都在 6.0%以内。图 5-12 与实验值相比，Wu 计算结果的最大偏差为-5.48%，绝对平均偏差为 3.18%。整体上，Wu 方程的计算结果与本文的实验结果存在一定偏差，偏差同样基本在 6.0%以内。

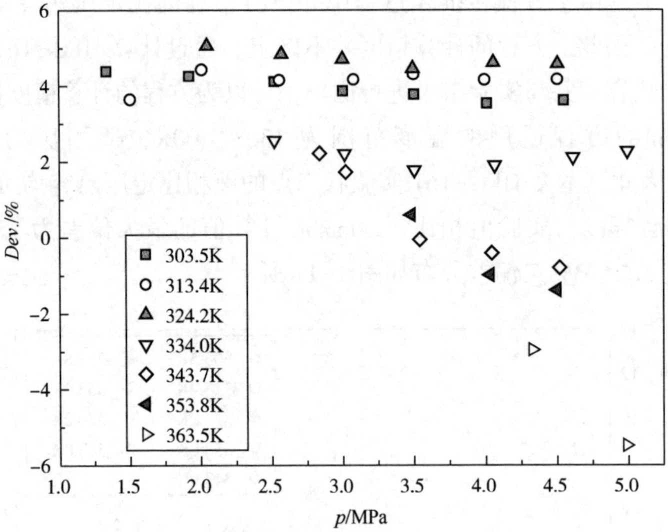

图 5-12　Wu 的计算结果与本文实验值的比较

2）HFC-161 饱和液体比定压热容

饱和液体比定压热容是除比定压热容及比定容热容外，流体的另外一种重要热容数据，但其测量比较困难，一般是通过测量一条等温线上不同压力点的比定压热容，然后外推至饱和线上，得到饱和液体的比定压热容。本文在每条等温线都从近饱和压力测量至 12.0MPa，可以很好地展现比定压热容沿等温线随压力的变化趋势，因此，可以将每条等温线上的各个实验值拟合，并外推该温度下的饱和液体比定压热容。外推计算结果列于表 5-5 中，饱和液体比定压热容随温度及压力的变化如图 5-13 所示。

表 5-5　HFC-161 不同温度下饱和液体比定压热容

T/K	p/MPa	$c_{p,s}$/(kJ · kg^{-1} · K^{-1})
303. 51	1. 07	2. 2376
313. 39	1. 37	2. 2993
324. 17	1. 77	2. 4215
334. 00	2. 21	2. 6232
343. 86	2. 72	2. 8607
353. 80	3. 32	3. 3055
363. 62	4. 02	4. 2254
373. 53	4. 86	5. 3845

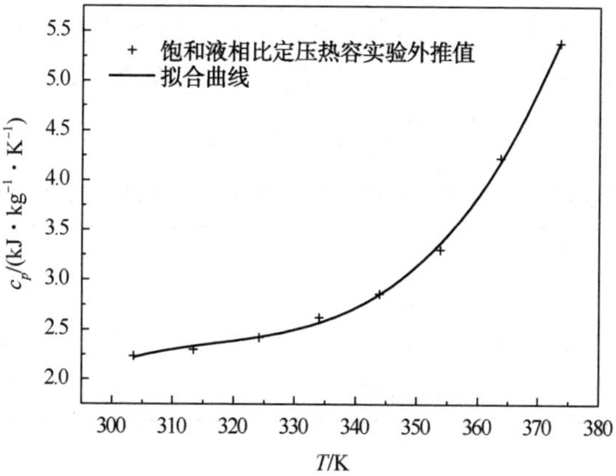

(a)随温度变化

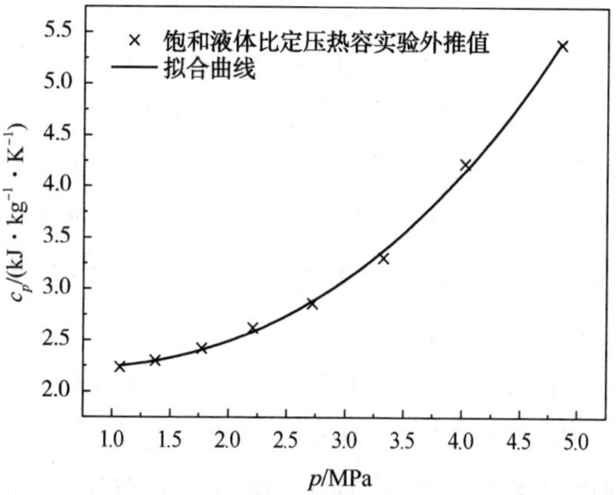

(b)随压力变化

图 5-13　HFC-161 饱和液体比定压热容随温度及压力的变化

为了便于使用，分别将饱和相比定压热容拟合为关于对比温度及对比压力的计算方程，其中关于温度的方程式为

$$\frac{c_{p,\mathrm{s}}}{R_\mathrm{g}}=b_0+b_1T_\mathrm{r}+b_2T_\mathrm{r}^2+b_3T_\mathrm{r}^3 \tag{5-2}$$

关于压力的方程式为

$$\frac{c_{p,\mathrm{s}}}{R_\mathrm{g}}=c_0+c_1p_\mathrm{r}+c_2p_\mathrm{r}^2+c_3p_\mathrm{r}^3 \tag{5-3}$$

式中，$c_{p,\mathrm{s}}$为饱和液体比定压热容。

根据表 5-5 中的数据分别拟合得到了式(5-2)及式(5-3)的系数，结果列于表 5-6 中。HFC-161 饱和液体比定压热容关于温度的计算方程的计算值与原始值相比，其最大偏差为 1.97%，绝对平均偏差为 0.97%；关于压力的计算方程的计算值与原始值相比，其最大偏差为 2.14%，绝对平均偏差为 0.97%，表明拟合方程具有较高的计算精度。

表 5-6　HFC-161 饱和液体比定压热容关于温度及压力计算方程的系数

b_0	-2.6176×10^3	c_0	13.1510
b_1	9.3116×10^3	c_1	-4.3022
b_2	-1.1005×10^4	c_2	15.3064
b_3	4.3433×10^3	c_3	9.5285

5.3.4　HFC-161 气相比定压热容的测量结果及分析

同液相比定压热容一样，HFC-161 的气相比定压热容在科学研究和工程实际中同样有着重要作用，但目前并没有文献报道其气相比定压热容。与液相区相比，由于流动不稳定等因素，气相区的比定压热容测量更加困难。实验过程中需要在 HFC-161 进入恒温槽之前进行预热，使液相 HFC-161 完全气化；在出恒温槽后需用冰水混合物冷却管路，使气相 HFC-161 迅速液化，保持背压稳定，使管路中的流动保持稳定。

在气相区共获得了 38 个 HFC-161 比定压热容的测量结果，其温度范围为 315.4~365.4K，压力范围为 1.0MPa 到各温度饱和压力之间。HFC-161 气相比定压热容的测量结果列于表 5-7 中，测量点分布如图 5-14 所示，比定压热容测量结果随压力的变化如图 5-15 所示。

表 5-7　HFC-161 气相比定压热容测量结果

T/K	p/MPa	$c_{p,\mathrm{exp}}$/ (kJ·kg^{-1}·K^{-1})	T/K	p/MPa	$c_{p,\mathrm{exp}}$/ (kJ·kg^{-1}·K^{-1})
315.33	1.02	1.6196	335.46	1.30	1.5655
315.39	1.11	1.6690	334.76	1.41	1.6184
315.56	1.22	1.7288	335.23	1.51	1.6668
325.57	1.11	1.5709	335.09	1.60	1.7227
325.26	1.21	1.6064	345.19	1.22	1.5132
325.23	1.30	1.6521	345.47	1.42	1.5584
335.63	1.21	1.5439	345.35	1.60	1.6175

续表

T/K	p/MPa	$c_{p,\exp}$/ (kJ · kg^{-1} · K^{-1})	T/K	p/MPa	$c_{p,\exp}$/ (kJ · kg^{-1} · K^{-1})
345. 01	1. 81	1. 7200	365. 39	1. 20	1. 4807
344. 36	2. 00	1. 8717	365. 39	1. 41	1. 5152
355. 30	1. 13	1. 4901	365. 34	1. 60	1. 5490
355. 28	1. 31	1. 5335	365. 30	1. 81	1. 5957
355. 27	1. 52	1. 5782	365. 29	2. 01	1. 6510
355. 27	1. 70	1. 6350	365. 28	2. 19	1. 7074
355. 25	1. 91	1. 6961	365. 28	2. 40	1. 7817
355. 27	2. 11	1. 7710	365. 33	2. 60	1. 8676
355. 48	2. 36	1. 8897	365. 42	2. 80	1. 9672
355. 52	2. 59	2. 0335	365. 46	2. 99	2. 0743
355. 31	2. 61	2. 0750	365. 75	3. 20	2. 2329
355. 33	2. 82	2. 2688	365. 54	3. 40	2. 4583

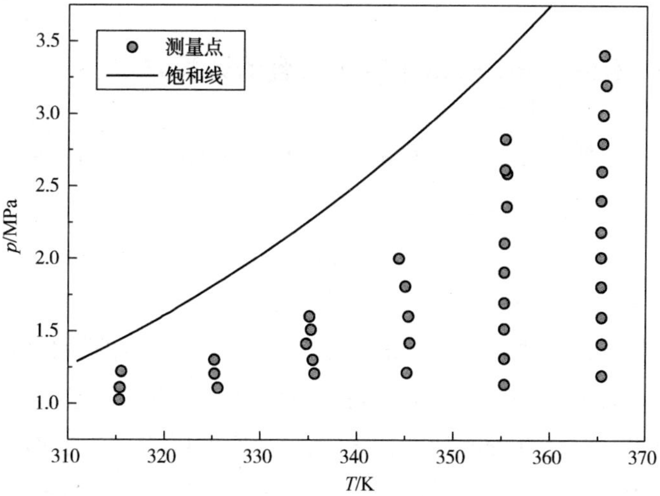

图 5-14　HFC-161 气相比定压热容测量点分布

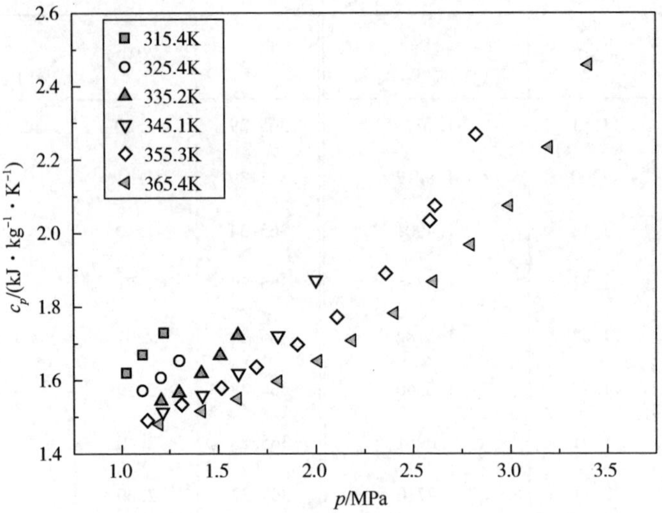

图 5-15　HFC-161 实验测量气相比定压热容随压力变化

由图 5-15 可以看出 HFC-161 气相区比定压热容沿等温线随压力增大而增大，按变化趋势可看出其气相比定压热容在饱和压力时达到最大；沿等压线随温度升高而减小，在低压力区域有交叉趋势，与理想气体比定压热容随温度升高而增大一致。

5.3.5　HFC-161 气相比定压热容的计算方程

同液相区一样，为了方便使用，本文将气相区的实验结果拟合成关于 p_r、T_r的计算方程，方程的形式为

$$\frac{c_{p,\mathrm{cal}}}{R_g}=\frac{d_1+d_2T_r+d_3T_r^2+d_4T_r^3+d_5p_r}{1+d_6T_r+d_7T_r^2+d_8p_r+d_9p_r^2+d_{10}p_r^3} \tag{5-4}$$

最终得到方程系数列于中表 5-8 中。所得计算方程的计算值与实验值相比，最大偏差为 1.32%，绝对平均偏差为 0.41%，偏差分布如图 5-16 所示。由此可以看出，拟合方程的计算精度很高，满足于实际应用的需求。计算方程的温度适用范围为 315.4~365.4K，压力适用范围为 1.0MPa 至各条等温线的最高测量压力。

表 5-8　HFC-161 气相比定压热容拟合方程系数

d_1	18.2457	d_6	−2.3349
d_2	−50.8208	d_7	1.3956
d_3	44.5797	d_8	-4.0087×10^{-2}
d_4	−11.5233	d_9	2.4654×10^{-3}
d_5	−0.1765	d_{10}	-1.7466×10^{-2}

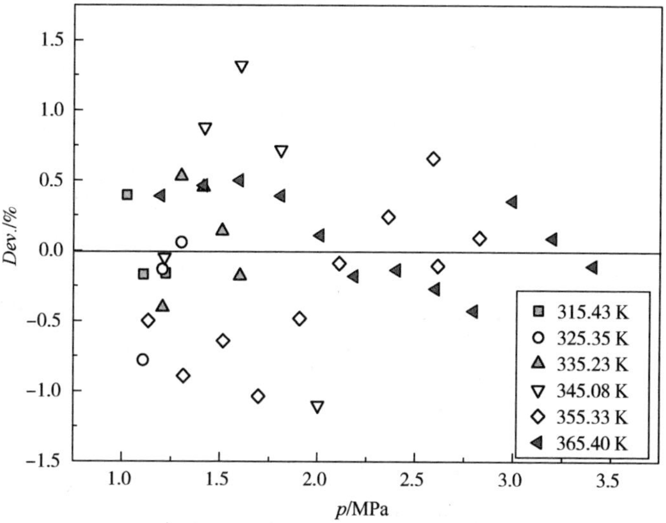

图 5-16　HFC-161 气相比定压热容拟合计算方程计算值与实验值的比较

由于实验条件限制，气相区比定压热容的测量压力均高于 1.0MPa，所得结果并不能完整表示气相比定压热容从低压区域至饱和气相的变化趋势，从现有的实验结果外推至各等温线饱和压力时会存在较大偏差，因此，本文没有推算 HFC-161 的饱和气相比定压热容。

同样地，由于拟合得到的方程适用温度与压力范围有限，在使用其他区域 HFC-161 的气相比定压热容时，需要使用专用的状态方程进行计算。在气相区同样选用了 Lemmon 与 Wu 的状态方程计算了本文气相比定压热容状态点的方程计算值，并与本文测量值进行了比较，偏差分布分别如图 5-17、图 5-18 所示。

图 5-17、图 5-18 比较结果显示，Lemmon 与 Wu 的计算结果一致性较高。Lemmon 的计算结果与本文测量结果相比，其最大偏差为 10.00%，绝对平均偏差为 6.59%；Wu 的计算结果与本文测量结果相比，其最大偏差为 9.85%，

绝对平均偏差为 6.28%。由图 5-17、图 5-18 比较结果可以看出，Lemmon 与 Wu 的计算精度基本相同。总体上看，Lemmon 与 Wu 的状态方程计算得到的 HFC-161 气相比定压热容与实验值相比偏差较大，使用时应加以注意。

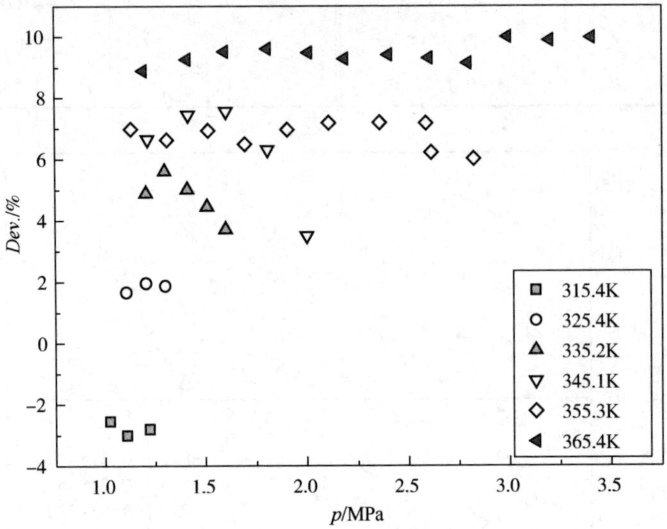

图 5-17　Lemmon 的 HFC-161 气相比定压热容计算结果与本文实验测量值比较

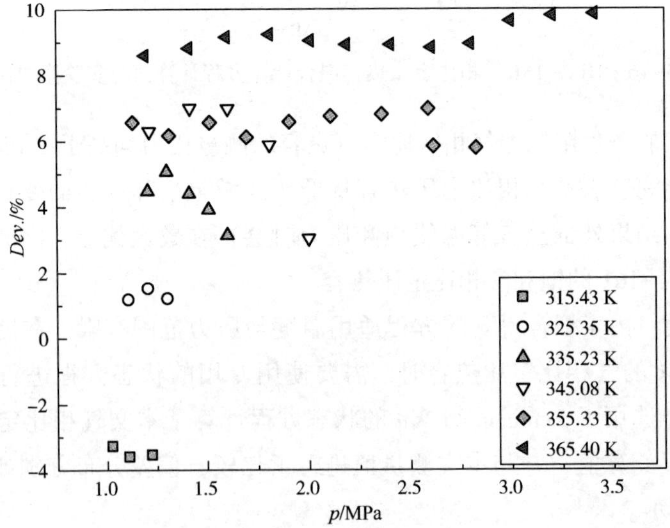

图 5-18　Wu 的 HFC-161 气相比定压热容计算结果与本文实验测量值比较

5.3.6 HFC-161 比定压热容的变化规律

液相区实验结果显示 HFC-161 液相比定压热容沿等温线随压力增大而减小，在饱和液体时最大；沿等压线随温度升高而增大。在气相区，比定压热容随压力增大而增大，与液相区相反，但同样在饱和气相时最大。为了深入探讨 HFC-161 的比定压热容的变化规律，本文将 HFC-161 的比定压热容与沿等温线随密度的变化绘制于图 5-19 中。由于密度相同时，微观上分子之间的距离相等，由图 5-19(a)可以看出，在密度相同时即分子间距离相等时，HFC-161 的液相比定压热容随温度升高而减小，图 5-19(b)同样表明在分子距离相同时气相比定压热容随温度升高而减小，但在低密度区域有交叉的趋势，与理想气体比定压热容随温度升高而增大相符合；在同一条等温线上，由图 5-19(a)可以看出，液相区随分子距离增大(密度减小)，液相比热容增大，与之相反，图 5-19(b)表明气相区沿等温线随分子距离减小(密度增大)，气相比定压热容增大。

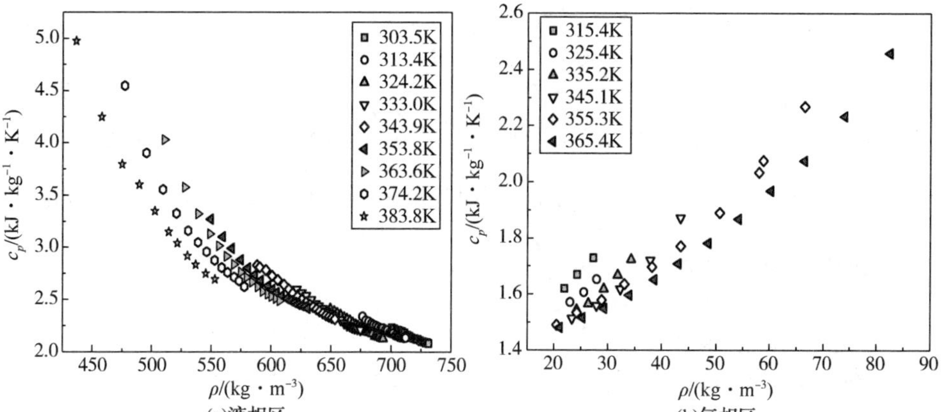

(a)液相区　　(b)气相区

图 5-19　HFC-161 比定压热容沿等温线随密度变化趋势

5.4 不确定度分析

根据比定压热容的测量公式可知，比定压热容的不确定度主要由加热功率 Φ、质量流量 q_m 以及温差 ΔT 三部分的不确定度构成。

$$c_p=\frac{\Phi}{q_m\cdot\Delta T}=\frac{\Phi}{q_m\cdot(T_2-T_1)} \tag{5-5}$$

对于本文中比定压热容不确定度可写为以下形式

$$U_{c,\mathrm{cp}}=k\sqrt{\left(\frac{u_{c,\Phi}}{\Phi}\right)^2+\left(\frac{u_{c,\Delta T}}{\Delta T}\right)^2+\left(\frac{u_{c,q_m}}{q_m}\right)^2} \tag{5-6}$$

式中，$\frac{u_{c,\Phi}}{\Phi}$为功率不确定度；$\frac{u_{c,\Delta T}}{\Delta T}$为温差不确定度；$\frac{u_{c,q_m}}{q_m}$为流量不确定度；$k=2$，即95%的置信度。

1）功率不确定度

加热器加热功率的计算公式

$$\Phi=IU_2=\frac{U_1}{R}U_2 \tag{5-7}$$

式中，R 为标准电阻；U_1 为标准电阻两端电压；U_2 为加热器两端电压。

由此可知功率的不确定度为

$$\frac{u_{c,\Phi}}{\Phi}=\sqrt{\left(\frac{u_{c,U_1}}{U_1}\right)^2+\left(\frac{u_{c,U_2}}{U_2}\right)^2+\left(\frac{u_{c,R}}{R}\right)^2} \tag{5-8}$$

式中，$\frac{u_{c,U_1}}{U_1}$、$\frac{u_{c,U_2}}{U_2}$为电压的不确定度，$\frac{u_{c,R}}{R}$为标准电阻的不确定度。U_1、U_2 由精度为六位半的 Keithley 2700 万用表测量，其精度为0. 005%，标准电阻的不确定度为0. 01%。由此可得$\frac{u_{c,\Phi}}{\Phi}$为0. 012%。

2）温差不确定度

本文所用温度计为二等精度铂电阻温度计，其不确定度 $u_{c,T}$为 10mK，因此，$u_{c,\Delta T}$为

$$u_{c,\Delta T}=\sqrt{10^2+10^2}=14.14 \tag{5-9}$$

本文实验中温差基本保持在 5. 0K，因此$\frac{u_{c,\Delta T}}{\Delta T}=0.002828$，即温差的不确定度为0. 2828%。

3）流量不确定度

本文所用流量计的不确定度为 0. 1%（$k=2$），则$\frac{u_{c,q_m}}{q_m}=0.0005$，液相区的

不确定度为0.05%。在测量液相比定压热容时，流量稳定，可满足流量计的精度标准。但在测量气相时，流量波动较大，认为其不确定度不大于1.0%（$k=2$），则$\frac{u_{c,q_m}}{q_m}=0.005$，气相区的不确定度为0.5%。

将以上数据代入式(5-6)，可得HFC-161的液相比定压热容的不确定度为0.58%，气相比定压热容的不确定度为1.15%。本文所用压力变送器的不确定度$u_{c,p}$为30kPa，30kPa压力引起的比定压热容的变化基本在0.20%以内（近临界区域在1%左右）。综合考虑，液相比定压热容的测量结果不确定度为1.00%，气相区为1.5%。在液相区，温差的不确定度占据了测量结果不确定度的主要部分；在气相区，温差与流量的不确定度共同占据了测量结果不确定度的主要部分；而在近临界区域，压力使得测量结果有较大不确定度。

5.5 本章小结

使用新建的比定压热容实验系统，测量了水的比定压热容，验证了实验系统的可靠性；在此基础上实验测量了HFC-161液相及气相比定压热容。

（1）测量了温度为304.3~577.1K，压力最高至15.0MPa范围内水的比定压热容，并将实验结果与文献中的实验值以及水的常用状态方程的计算值分别做了对比。与Sirota及Naziev实验结果比，本文实验结果的最大偏差分别为0.82%与0.53%，绝对平均偏差分别为0.26%与0.24%；与Wagner状态方程的计算值相比，最大偏差为-0.49%，绝对平均偏差为0.28%。水的比定压热容测量结果表明，本文的实验系统具有较高的测量精度，能够准确测量流体的比定压热容。

（2）实验测量了HFC-161温度为303.5~383.7K，压力最高至12.0MPa范围内的液相比定压热容，扩展了温度与压力测量区间，共获得161个数据，其中383.7K等温线上的11个点位于超临界区。He的实验结果与本文实验结果相比偏差均为负值，其最大偏差为-3.89%，绝对平均偏差为1.73%，偏差存在原因如下：He的实验值由其拟合计算方程计算而来，并非直接测量结果，二者存在一定偏差；在He的实验中需用到HFC-161的密度以及参照物的密度、比定压热容数据，存在累计偏差。整体来讲，在重叠区本文的实验结果与He的实验结果偏差较小，具有较好的一致性。

为了便于实际使用，将实验结果拟合为关于T_r及p_r的计算方程，方程计算值与实验值相比最大偏差为2.52%，绝对平均偏差0.74%，计算精度满足使用要求。此外，根据各条等温线的实验结果，外推了各温度下的饱和液体比定压热容，并将饱和液体比定压热容分别拟合成关于温度 T_r 及压力 p_r 的计算方程。

(3) 首次测量得到HFC-161的气相比定压热容，实验的温度范围为315.4~365.4K，压力范围为1.0~3.0MPa，共获得38个数据。将气相比定压热容实验结果拟合为关于对比温度 T_r 及对比压力 p_r 的计算方程，方程计算值与实验值相比其最大偏差为1.32%，绝对平均偏差为0.41%，计算精度较高，可用于气相比定压热容的计算。

6 HFCs类物质液相比定压热容的理论研究

随着各种环境问题的日益严重，新型替代制冷剂会越来越多地投入实际应用，虽然实验能够为各种制冷剂提供精确的物性数据，但实验数据的测量需要投入大量的人力与物力，因此很多制冷剂的物性数据并不完备。在此状况下，通过理论计算的方法来获得所需的物性数据，这也是获得流体热物性数据的另一种有效途径。流体的比定压热容同样可以通过理论计算的方法获得。

HFCs 类物质及其混合物是替代制冷剂的一个主要研究方向，HFC-32、HFC-23 等甲烷系以及 HFC-134a、HFC-152a 等乙烷系的 HFCs 类物质开始研究的时间较早，各种物性数据也相对充分，因此，本文主要选用甲烷系及乙烷系 HFCs 类物质为研究对象，并结合本文 HFC-161 的实验测量结果对 HFCs 类物质的比定压热容进行理论计算。

6.1 比热容的理论研究方法

比热容的理论研究方法可分为统计热力学法和状态方程法两大类。其中统计热力学的方法是从微观的或分子的角度进行研究，统计热力学从宏观系统是由大量的分子或质点组成出发，将宏观性质作为相应微观量的统计平均值。对于由不同分子组成的不同的宏观系统，利用统计热力学的方法可以推算出它们不同的特性。应用统计热力学的方法解决某一具体系统的性质时，需要知道必要的信息，主要是分子的微观特性参数，如分子的移动、振动能级、转动以及分子间的作用力等。这些信息可以通过光谱分析、分子束实验或量子力学理论得到。统计热力学虽然已经形成了严密的理论体系，但是由于对实际系统的微观结构了解得还不完善，因此需要对微观模型进行简化。此外，数学计算上也存在困难，特别是多重积分的求取实际上难以进行，需要采用近似的方法。整体来说统计热力学在计算流体热物性时从微观出发，具有明确的物理意义，但实际上在计算过程中存在种种困难，采取了很多近似处理，得到的结果并不理想，整个方法并不是特别成熟。

采用状态方程计算比定压热容的方法比较成熟，也是常用的理论研究方法。状态方程是关于 pVT 性质计算的方程，可分为通用和专用状态方程两种。通用状态方程在工程计算和分析中有着重要的作用，不仅可以推算没有精确实验数据的某些工质的 pVT，在某些状态范围内甚至可以替代一些工质的专用状态方程。常用的通用状态方程有：维里方程、P-R(Peng-Robinson)方程、R-K 及 R-K-S 方程等。整体上，通用状态方程应用时需要的参数或常数较少，但计算偏差较大。专用的状态方程计算精度高，适用范围广，但是专用的状态方程在拟合过程中大量的方程参数需要可靠的实验数据进行回归，并且仅能满足单一流体的计算需求。综合考虑，本文选用通用状态方程进行流体比定压热容的理论计算。

P-R 方程于 1976 年被提出，是 R-K 方程的一种修正形式[143]，该方程是一个既适用于气相也能用于液相的状态方程。P-R 方程具有形式简单，计算时需要参数较少(仅需要流体的临界参数与偏心因子)，通用性强等优点，因此，本文选取 P-R 方程作为计算流体比定压热容的状态方程。根据热力学一般关系式，利用状态方程结合理想气体比定压热容，可计算得到实际流体的比定压热容。

6.2 P-R 方程计算比定压热容

6.2.1 P-R 方程

P-R 方程的表达式为

$$p=\frac{RT}{v-b}-\frac{a(T)}{v(v+b)+b(v-b)} \tag{6-1}$$

式(6-1)为容积 v 的三次型方程，当其用压缩因子表示时，则有

$$\begin{cases} Z^3-(1-B)Z^2+(A-3B^2-2B)Z-(AB-B^2-B^3)=0 \\ A=\dfrac{ap}{R^2T^2} \\ B=\dfrac{bp}{RT} \end{cases} \tag{6-2}$$

式中，$a(T)=a(T_c)\alpha(T_r,\ \omega)$；$b(T)=b(T_c)$；$a(T_c)=\dfrac{0.45724R^2T_c^2}{p_c}$；$b(T_c)=\dfrac{0.07780RT_c}{p_c}$；$T_r=\dfrac{T}{T_c}$；$\alpha^{0.5}=1+\kappa(1-T_r^{0.5})$；$\kappa=0.37464+1.54226\omega-0.26992\omega^2$；$T_c$ 为临界温度；p_c 为临界压力；ω 为偏心因子。

6.2.2 P-R 方程计算比定压热容的推导

在表示流体真实比定压热容与理想气体比定压热容的偏差时，一般有两种方法：一种称作偏差函数法；另一种称作余函数法。本文选用余函数法，余函数的定义为：任意广延性质、比性质或摩尔性质，在一定压力、温度下，流体理想气体的性质与实际状态下对应性质之差。在计算实际气体的比定压热容余函数的过程中，可以通过先求取定压状态下的余焓，然后对余焓求温度的偏导得到；也可以先求取余比定容热容，然后进一步求取余比定压热容。本文选用第一种方法，余比定压热容的表达式为

$$c_p^{\mathrm{r}}=c_p^*-c_p=\left[\frac{\partial(h^*-h)}{\partial T}\right]_p=\left(\frac{\partial h^{\mathrm{r}}}{\partial T}\right)_p \tag{6-3}$$

式中，c_p^{r} 为比定压热容余函数；c_p^* 为理想气体比定压热容；c_p 为实际流体比定压热容；h^* 为理想气体的比焓；h 为实际流体的比焓；h^{r} 为比余焓。

式(6-3)还可以进一步表达为：

$$\left(\frac{\partial h^{\mathrm{r}}}{\partial T}\right)_p=\left(\frac{\partial h^{\mathrm{r}}}{\partial T}\right)_v+\left(\frac{\partial h^{\mathrm{r}}}{\partial v}\right)_T\left(\frac{\partial v}{\partial T}\right)_p \tag{6-4}$$

式中，$\left(\dfrac{\partial v}{\partial T}\right)_p$ 根据转换关系有

$$\left(\frac{\partial v}{\partial T}\right)_p=-\left(\frac{\partial p}{\partial T}\right)_v\bigg/\left(\frac{\partial p}{\partial v}\right)_T \tag{6-5}$$

其中 h^{r} 是关于 v、T 的函数，其表达式也可以写作

$$h^{\mathrm{r}}=(a^*-a)+T(s^*-s)+RT(1-Z) \tag{6-6}$$

式中，a^* 为理想气体自由能；a 为实际气体自由能；s^* 为理想气体的熵；s 为实际气体的熵；T 为温度；Z 为压缩因子。

对于 P-R 方程，其余自由能与余熵分别为

$$a^*-a=RT\ln\frac{v-b}{v}-\frac{a}{2\sqrt{2b}}\ln\frac{v-0.414b}{v+2.414b}+RT\ln\frac{v}{v^*} \tag{6-7}$$

$$s^*-s=-R\ln\frac{v-b}{v}+\frac{1}{2\sqrt{2b}}\ln\frac{v-0.414b}{v+2.414b}\frac{\partial a}{\partial T}-R\ln\frac{v}{v^*} \tag{6-8}$$

P-R 方程压缩因子 Z 的表达形式为

$$Z=\frac{v}{v^*}=\frac{pv}{RT}=\left[\frac{RT}{v-b}-\frac{a(T)}{v(v+b)+b(v-b)}\right]\frac{v}{RT} \tag{6-9}$$

将式(6-7)~式(6-9)代入式(6-6)，可得 h^{r} 的表达式为

$$h^{\mathrm{r}}=\frac{T}{2\sqrt{2b}}\ln\frac{v-0.414b}{v+2.414b}\frac{\partial a}{\partial T}-\frac{a}{2\sqrt{2b}}\ln\frac{v-0.414b}{v+2.414b}$$
$$+RT\left\{1-\left[\frac{RT}{v-b}-\frac{a(T)}{v(v+b)+b(v-b)}\right]\frac{v}{RT}\right\} \tag{6-10}$$

将 h^{r} 及 P-R 方程分别代入$\left(\frac{\partial h^{\mathrm{r}}}{\partial v}\right)_T$、$\left(\frac{\partial p}{\partial T}\right)_v$、$\left(\frac{\partial p}{\partial v}\right)_T$ 以及$\left(\frac{\partial h^{\mathrm{r}}}{\partial T}\right)_v$，可得

$$\left(\frac{\partial h^{\mathrm{r}}}{\partial v}\right)_T=\left(\frac{T}{2\sqrt{2b}}\cdot\frac{\partial a}{\partial T}-\frac{a}{2\sqrt{2b}}\right)\left[\frac{2b}{(v-0.414b)(v+2.414b)}\right]$$
$$-\left[\frac{RT}{v-b}-\frac{a(T)}{v(v+b)+b(v-b)}\right]-v\left\{\frac{-RT}{(v-b)^2}+\frac{2a(T)(v+b)}{[v(v+b)+b(v-b)]^2}\right\} \tag{6-11}$$

$$\left(\frac{\partial p}{\partial T}\right)_v=\frac{R}{v-b}-\frac{1}{v(v+b)+b(v-b)}\frac{\partial a}{\partial T} \tag{6-12}$$

$$\left(\frac{\partial p}{\partial v}\right)_T=-\left(\frac{RT}{(v-b)^2}\right)+\frac{2a(v+b)}{[v(v+b)+b(v-b)]^2} \tag{6-13}$$

$$\left(\frac{\partial h^{\mathrm{r}}}{\partial T}\right)_v=\frac{T}{2\sqrt{2b}}\ln\frac{v-0.414b}{v+2.414b}\frac{\partial^2 a}{\partial T^2}+\left\{R-v\left[\frac{R}{v-b}-\frac{1}{v(v+b)+b(v-b)}\frac{\partial a}{\partial T}\right]\right\} \tag{6-14}$$

式中，$\frac{\partial a}{\partial T}=a(T_c)\left[\frac{\kappa^2}{T_c}-\frac{\kappa^2+\kappa}{(T_cT)^{0.5}}\right]$；$\frac{\partial^2 a}{\partial T^2}=a(T_c)\left(0.5\frac{\kappa^2+\kappa}{T_c^{0.5}T^{1.5}}\right)$。

将式(6-4)~式(6-5)代入式(6-3)，可得流体的比定压热容的计算表达式为

$$c_p = c_p^* - \left\{ \left(\frac{\partial h^r}{\partial T} \right)_v - \left(\frac{\partial h^r}{\partial v} \right)_T \left[\left(\frac{\partial p}{\partial T} \right)_v \Big/ \left(\frac{\partial p}{\partial v} \right)_T \right] \right\} \tag{6-15}$$

在计算时将式(6-11)~式(6-14)的计算结果代入式(6-15)中即可获得流体的比定压热容。

6.3 几种 HFCs 类物质液相比定压热容的计算

甲烷系及乙烷系 HFCs 类物质的液相比定压热容的文献数据较为丰富，且测量结果可靠性较高，结合目前 HFCs 类物质的推广状况，本文选定了 HFC-134a、HFC-143a、HFC-152a、HFC-32、HFC-125、HFC-23 以及 HFC-161 作为 P-R 方程的计算对象，验证 P-R 方程计算 HFCs 类物质比定压热容的精确度。计算结果与实验值的比较结果列于表 6-1 中。与实验结果相比，P-R 方程的计算结果均偏小。为了便于不同制冷剂间的比较，在比较时均使用对比温度 T_r 与对比压力 p_r。

表 6-1　HFCs 类制冷剂比定压热容 P-R 方程计算结果与实验值的比较

制冷剂	数据量	最大偏差/%	平均偏差/%	T/K	p/MPa	T_r	p_r
HFC-161	224	-26.00	16.71	303~373	1.34~12.28	0.807~0.994	0.26~2.41
HFC-125	87	-29.06	18.98	255~335	1.59~5.00	0.752~0.987	0.43~1.38
HFC-134a	113	-34.37	22.45	273~373	0.50~30	0.730~0.997	0.12~7.39
HFC-143a	39	-24.38	17.29	285~345	1.50~5.00	0.824~0.998	0.39~1.33
HFC-152a	274	-38.65	22.58	271~386	1.00~30.00	0.701~0.999	0.22~6.64
HFC-32	40	-33.27	21.78	275~340	2.10~5.00	0.783~0.968	0.36~0.86
HFC-23	93	-47.98	33.88	202~298	1.00~20.00	0.675~0.996	0.21~4.14

图 6-1 为 HFC-161 液相比定压热容 P-R 方程计算结果与实验值比较，其中图 6-1(a)为计算结果与本文测量结果比较，图 6-1(b)为计算结果与 He[42]实验结果比较。由图可以看出：与实验值相比较，计算值普遍小于实验值，且沿等温线随压力增大，P-R 方程的计算结果的偏差逐渐增大；沿等压线随温度升高，P-R 方程的计算结果的偏差逐渐减小。P-R 方程计算结果与实验测量结果相比，最大偏差为-26.00%，出现在 T_r 为 0.807、p_r 为 2.41 处，绝对平均偏差为 16.71%。

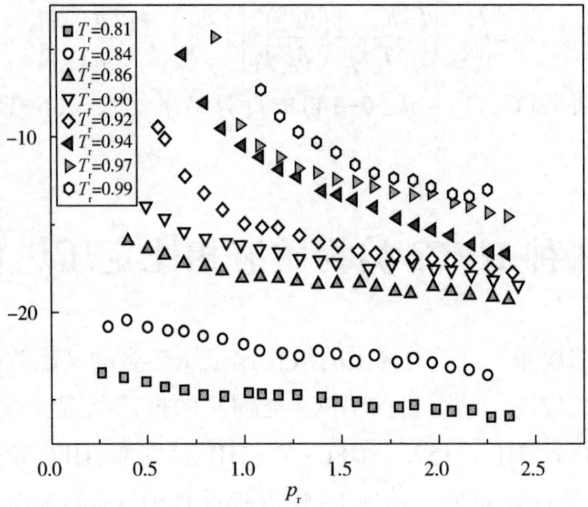

(a)

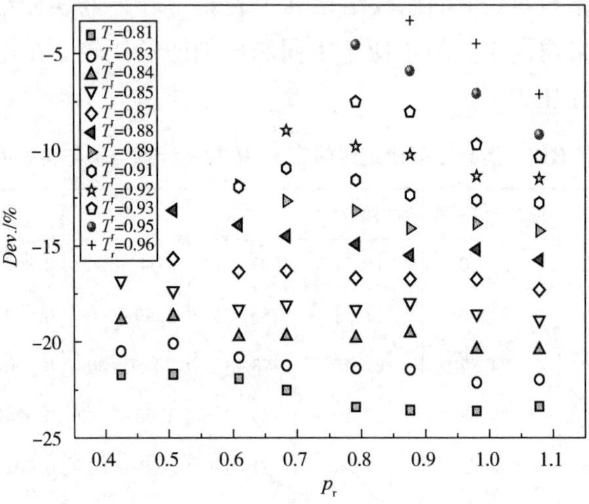

(b)

图 6-1　HFC-161 液相比定压热容 P-R 方程计算结果与实验值比较

为了更好地分析 P-R 方程计算值与实验值的偏差，将几种 HFCs 类物质的偏差按等温或等压分布分别展示在图 6-2～图 6-7 中。图 6-2(a)为 HFC-125 P-R 方程计算值与 Kan[144] 的实验值的等温比较，图 6-2(b)为其与 Tanaka[145] 与 Wilson[146] 实验值的等压比较。为了更好地分析 HFC-134a 不同压力区域偏差的分布，图 6-3 将高低压区域单独表现，其实验数据取自 Nakagawa[147]、Sato[148] 及 Ernst[149] 且均沿等温线分布。图 6-4 为 HFC-143a 计算值与实验值的比较，图 6-4(a)为其与 Yamamura[150] 实验值的比较，沿等温线分布，图 6-4(b)为其与 Tanaka[145]实验值的比较，沿等压线分布。图 6-5 为 HFC-152a 计算值与实验值的比较，实验值取自 Porichanskii[151]、Sato[148]及 Nakagawa[122]，均沿等压线分布。图 6-6 为 HFC-32 计算值与实验值的比较，图 6-6(a)为其与 Sato[148]及 Yomo[152]实验值的对比，沿等温线分布，图 6-6(b)为其与 Tanaka[145]实验值的对比，沿等压线分布。图 6-7 为 HFC-23 P-R 方程计算值与 Ponomareva[153]实验值的比较，沿等压线分布。通过这些图可以发现，与 HFC-161 相似偏差沿等温线均随压力增大而增大；沿等压线随温度升高而减小。几种 HFCs 类物质的 P-R 方程计算结果的最大偏差均出现在温度最低、压力最高的状态点。He[154-157]用 P-R 方程计算了几种 HFCs 类物质的比定压热容并与文献值进行了对比，其偏差分布与本文类似。

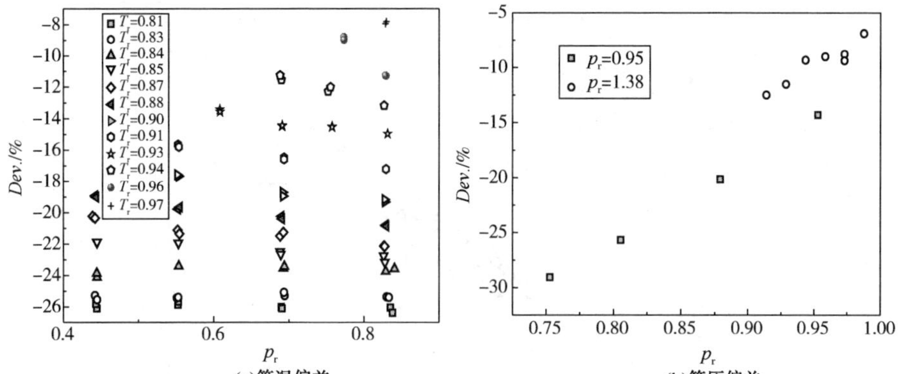

(a)等温偏差　　(b)等压偏差

图 6-2　HFC-125 液相比定压热容 P-R 方程计算结果与实验值比较

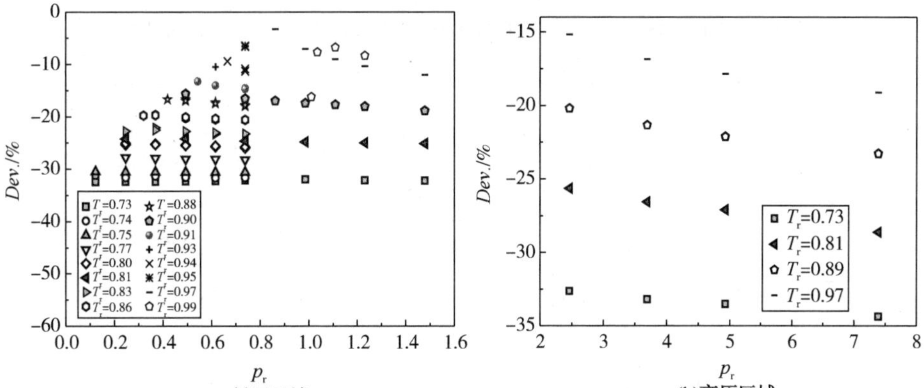

(a)低压区域　　(b)高压区域

图 6-3　HFC-134a 液相比定压热容 P-R 方程计算结果与实验值比较

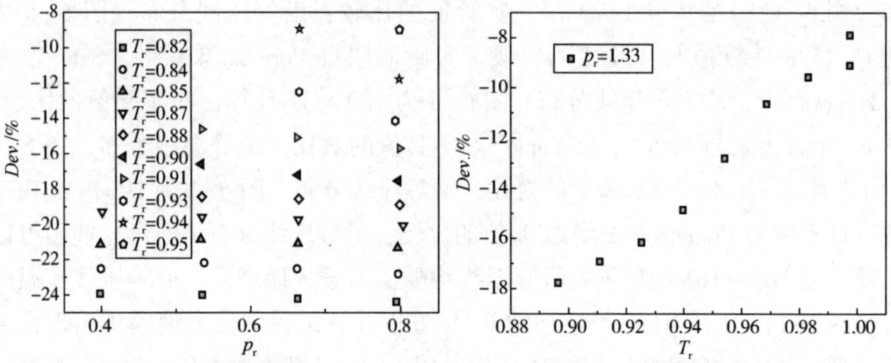

(a)等温偏差　　(b)等压偏差

图 6-4　HFC-143a 液相比定压热容 P-R 方程计算结果与实验值比较

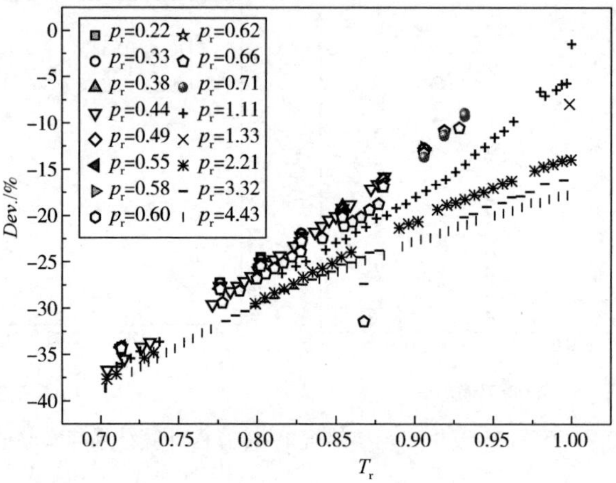

图 6-5　HFC-152a 液相比定压热容 P-R 方程计算结果与实验值比较

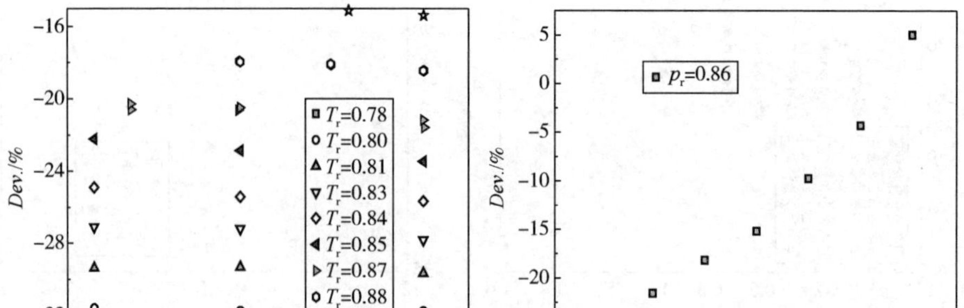

(a)等温偏差　　(b)等压偏差

图 6-6　HFC-32 液相比定压热容 P-R 方程计算结果与实验值比较

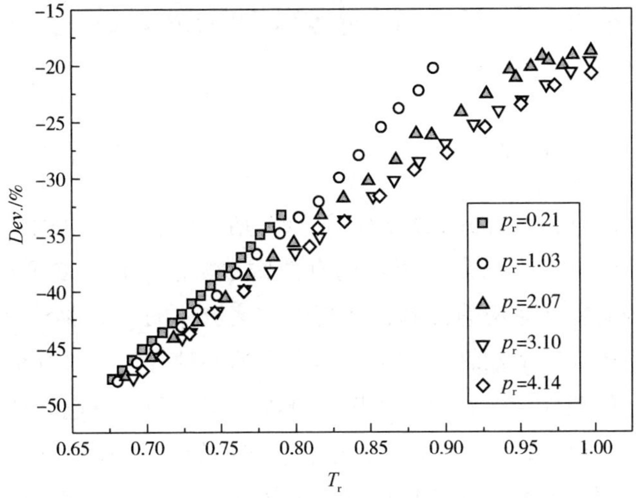

图 6-7　HFC-23 液相比定压热容 P-R 方程计算结果与实验值比较

P-R 方程是流体的一个通用状态方程，在使用时仅需流体的临界性质及偏心因子，计算 *pVT* 性质时精度较高。但计算比定压热容时偏差较大，原因有两方面：一是方程不能很好地反映分子之间的作用力；二是利用 P-R 方程计算流体比定压热容时，还要进行两次微分，进一步将方程的偏差放大，从而使得 P-R 方程计算比定压热容偏差较大。从偏差的分布规律来看，同样压力下，温度升高偏差减小，这是由于温度升高时，密度减小，分子之间间距增大，且分子动能增加，导致分子之间相互束缚的力减小，与理想气体的性质更加接近，此区域方程的计算精度较高，因此偏差减小；同样温度下，随压力升高则密度增大，分子之间距离减小，分子动能不变则分子之间相互束缚的力增强，偏离理想气体更远，因此偏差逐渐增大。

整体来看，使用 P-R 状态方程计算 HFCs 类物质的液相比定压热容时，偏差较大，并且与实验值相比偏小，绝对平均偏差普遍在 20%左右，方程的计算精度不能满足实际应用的需求。因此需要采用新的方法或是在 P-R 方程的基础上进行改进，以提高计算精度，达到准确预测 HFCs 类物质比定压热容的目的。

6.4 基于 P-R 方程计算比热的对比态方程

6.4.1 对比态原理

多参数状态方程在计算流体物性时具有精度高、适用范围广等优点。但是在应用时，经常没有所研究流体的有关常数，甚至缺少必需的实验数值，所以需要一种简便且通用的计算方法能够推演流体的相关性质。而对比态原理就是一种广泛应用于推算流体热力学性质的一种方法。与其他无量纲方法类似，对比态原理具有较好的通用性，可以使用几种流体已知的物性数据拟合对比态状态方程参数，然后推算其他物质未知的热力学性质。

对比态原理由范德瓦尔斯提出。由于物质均能以气、液、固相存在，并且都具有临界点、三相点等共性，如果能够选取适当的比例尺度来表征各种物质的 p、v、T 参数，则可以用同一个三维 pVT 热力面来显示不同的物质的 pVT 关系。

物质在临界点时具有相似的性质，因此范德瓦尔斯选取临界点作为参照点，以临界性质作为对比基础。此时，流体的温度、压力、比体积均可用对比值来表示，对比参数定义为

$$p_{\mathrm{r}}=\frac{p}{p_c} \qquad T_{\mathrm{r}}=\frac{T}{T_c} \qquad v_{\mathrm{r}}=\frac{v}{v_c}$$

以上式子分别表示对比压力、对比温度和对比体积。范德瓦尔斯对比态原理的通用方程，可表示为

$$f(p_{\mathrm{r}},\ T_{\mathrm{r}},\ v_{\mathrm{r}})=0 \tag{6-16}$$

按照范德瓦尔斯对比态原理，物质 p_{r}、T_{r}、v_{r} 三个参数中，如果任意两个相同，则第三个参数也相同。通常，将满足对比态原理，且遵循相同对比态方程的物质，称为彼此热相似的物质。

式(6-16)为基于二参数对比态原理的基本方程式。为了改善利用对比态原理推算物质未知物性的精确度，研究人员提出了在 p_{r}、T_{r} 的基础上引入第三个参数。Pitzer 提出了一个称为偏心因子的参数 ω 用以改进对比态原理，提升了利用对比态原理计算 pVT 性质以及热力学性质的精度。

Pitzer 认为球形、非极性且可忽略量子效应的物质是严格遵循二参数对比

态原理的，比如 Ar、Kr、Xe 等简单流体。但是一些非极性以及轻微极性的物质并不严格符合二参数的对比态原理。这是由于非极性分子之间的相互作用力，不仅是分子中心的相互作用，而且包含分子各部分之间的相互作用。偏心因子 ω 就是用来考虑非中心部分相互作用的影响。

ω 表示分子的偏心性或非球形程度。分子量大的惰性气体分子为球形分子，ω 为0；而形状不规则的烃类或相对分子质量高的分子，ω 为正值。偏心因子的定义为

$$\omega=-1-\lg(p_r^s)_{T_r=0.7} \tag{6-17}$$

式中，p_r^s 为 T_r等于 0.7 时流体的对比饱和蒸汽压。对于简单流体，T_r等于 0.7 时的 p_r^s 约等于 0.1。存在偏心力场的分子对比蒸汽压低于简单流体，偏心度越大，二者之差越大。使用对比温度为 0.7 的对比蒸汽压与简单流体相比，就可得出该物质的偏心因子，由此可见偏心因子也同样是物质常数。

对于简单流体，压缩因子仅仅是 p_r、T_r 的函数。对其他流体来讲，压缩因子是 p_r、T_r 的函数

$$Z=f(p_r,\ T_r,\ \omega) \tag{6-18}$$

6.4.2 基于 P-R 方程余比热容的对比态方程

应用对比态原理计算流体比定压热容最早可追溯到 20 世纪 60 年代，Bondi[158] 提出了一个应用于流体饱和液体比定压热容的对比态状态方程

$$\frac{c_\sigma-c_p^*}{R}=f(T_r,\ \omega) \tag{6-19}$$

式中，c_σ 为流体饱和液体比定压热容。

其后 Yuan 和 Stiel[159]、Lyman 和 Danner[160] 等人都采用相同的方法对不同流体的饱和液体比定压热容进行了计算。为了对不同压力下流体的比定压热容进行计算，本文选用了余比定压热容的对比态形式作为基本方程，其形式为

$$\frac{c_p^r}{R}=\frac{c_p^*-c_p}{R}(p_r,\ T_r,\ \omega) \tag{6-20}$$

由式(6-20)可知，流体的余比热对比态方程为关于 p_r、T_r、ω 的方程，可写为

$$\frac{c_p^r}{R}=f(p_r,\ T_r,\ \omega) \tag{6-21}$$

该方程含有三个参数，利用实验数据对该方程直接拟合时，从数学角度来看，方程的形式比较复杂，确定形式比较困难。为了简化方程形式，减少计算量，同时保证计算精度，本文将式(6-21)与P-R方程的余比定压热容相结合，提出了以下形式的对比态状态方程

$$\frac{c_p^{\mathrm{r}}}{R}=f(p_{\mathrm{r}},\ T_{\mathrm{r}},\ \omega)\frac{c_{p,P-R}^{\mathrm{r}}}{R} \tag{6-22}$$

式中，$c_{p,P-R}^{\mathrm{r}}$为基于P-R状态方程的流体余比定压热容计算结果。在$c_{p,P-R}^{\mathrm{r}}$中包含偏心因子ω，因此可将式中的$f(p_{\mathrm{r}},\ T_{\mathrm{r}},\ \omega)$简化为$f(p_{\mathrm{r}},\ T_{\mathrm{r}})$。至此在拟合方程参数时，仅含有$p_{\mathrm{r}}$、$T_{\mathrm{r}}$两个参数，方程形式更容易确定，即

$$\frac{c_p^{\mathrm{r}}}{R}=f(p_{\mathrm{r}},\ T_{\mathrm{r}})\frac{c_{p,P-R}^{\mathrm{r}}}{R} \tag{6-23}$$

为了验证该简化是否合理，本文选取HFC-125、HFC-134a、HFC-143a的液相比定压热容实验数据计算了各自的$f(p_{\mathrm{r}},\ T_{\mathrm{r}})$。并将其绘制于一张图中，如图6-8所示。其中图6-8(a)为$f(p_{\mathrm{r}},\ T_{\mathrm{r}})$关于$p_{\mathrm{r}}$、$T_{\mathrm{r}}$的分布，图6-8(b)为$f(p_{\mathrm{r}},\ T_{\mathrm{r}})$关于$p_{\mathrm{r}}$、$1-T_{\mathrm{r}}$的分布。由图中点的分布可以看出，三种制冷剂的$f(p_{\mathrm{r}},\ T_{\mathrm{r}})$分布规律一致，基本位于同一曲面上，因此可以认为将$f(p_{\mathrm{r}},\ T_{\mathrm{r}},\ \omega)$简化为$f(p_{\mathrm{r}},\ T_{\mathrm{r}})$是可行的。

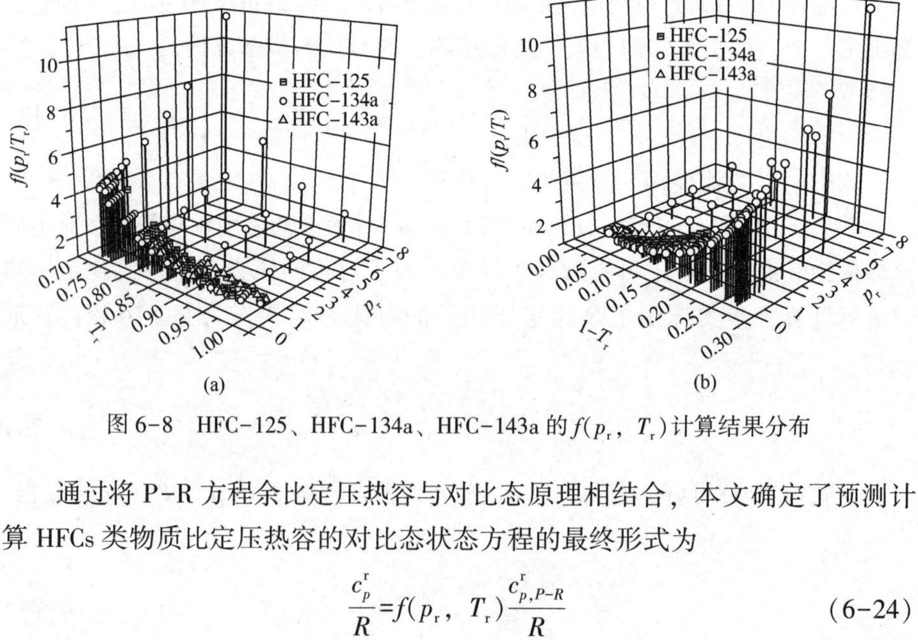

图6-8　HFC-125、HFC-134a、HFC-143a的$f(p_{\mathrm{r}},\ T_{\mathrm{r}})$计算结果分布

通过将P-R方程余比定压热容与对比态原理相结合，本文确定了预测计算HFCs类物质比定压热容的对比态状态方程的最终形式为

$$\frac{c_p^{\mathrm{r}}}{R}=f(p_{\mathrm{r}},\ T_{\mathrm{r}})\frac{c_{p,P-R}^{\mathrm{r}}}{R} \tag{6-24}$$

$$f(p_r, T_r)=\frac{c_p^r}{R}\bigg/\frac{c_{p,P-R}^r}{R} \tag{6-25}$$

$$c_p=c_p^*-f(p_r, T_r)\frac{c_{p,P-R}^r}{R} \tag{6-26}$$

式中需要用到 v_r，可通过 P-R 方程的对比态形式求得。

6.5 HFCs 类物质液相比定压热容的计算

6.5.1 HFCs 类制冷剂液相比定压热容对比态状态方程参数的计算

在预测计算 HFCs 类物质的液相比定压热容时，需用比热容已知的物质拟合获得 $f(p_r, T_r)$ 中的方程参数，本文选用了实验精度高、温度压力范围广的三种制冷剂 HFC-152a、HFC-134a、HFC-143a 的液相比定压热容实验数据作为拟合计算的依据，根据式(6-25)得到了 $f(p_r, T_r)$ 的方程参数。本文通过多次计算验证得到了 $f(p_r, T_r)$ 的最终表达形式为

$$f=\frac{a_1+a_2(1-T_r)+a_3(1-T_r)^2+a_4(1-T_r)^3+a_5p_r+a_6p_r^2}{1+a_7(1-T_r)+a_8(1-T_r)^2+a_9p_r+a_{10}p_r^2+a_{11}p_r^3} \tag{6-27}$$

式中各系数值列于表 6-2 中。

表 6-2 HFCs 类比定压热容对比态状态方程参数

a_1	0.8205	a_7	−0.1744
a_2	1.0719	a_8	−8.0457
a_3	30.5815	a_9	-9.1211×10^{-4}
a_4	−92.5886	a_{10}	-6.9210×10^{-3}
a_5	0.2893	a_{11}	6.6447×10^{-4}
a_6	-1.5871×10^{-2}		

6.5.2 对比状态方程比定压热容计算结果

HFCs 类制冷剂液相比定压热容对比状态方程参数由 HFC-152a、HFC-134a、HFC-143a 计算获得，并最终获得其表达式(6-27)及方程参数表 6-2。将对比态方程对这三种制冷剂的计算结果与实验数据进行比较，绝对平均偏差为 1.12%，99.10%的点偏差小于 5.0%；最大偏差为-9.53%，该点位于

$p_r = 1.01$，$T_r = 0.997$ 的临界区域内，整体上，计算值与实验值相比偏差不大。计算结果列于表 6-3 中，与实验数据的偏差如图 6-9 以及图 6-10 所示。图 6-9 为 HFC-152a、HFC-134a、HFC-143a 液相比定压热容计算值与实验值的偏差随对比温度的分布，图 6-10 为这几种制冷剂液相比定压热容计算值与实验值的偏差随对比压力的分布。由偏差分布可看出拟合得到的方程非常合理。

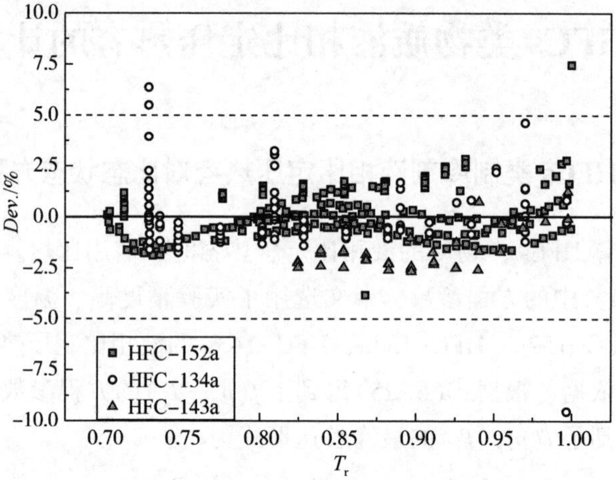

图 6-9　比定压热容对比状态方程计算值与实验值偏差随对比温度变化

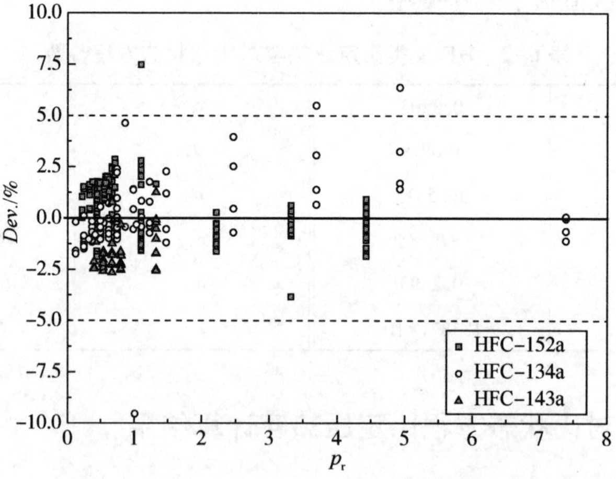

图 6-10　比定压热容对比状态方程计算值与实验值偏差随对比压力变化

本文对比态状态方程提出的目的是预测 HFC-161 以及其他缺乏实验数据的 HFCs 类物质的液相比定压热容，为检验该方程预测计算能力，用该方程计算了 HFC-161 以及 HFC-125、HFC-32、HFC-23 四种 HFC 类制冷剂的比定压热容并与各自的实验值进行了对比，比较结果列于表 6-3 中，偏差分布如图 6-11 以及图 6-12 所示。图 6-11 为 HFC-161、HFC-125、HFC-32 以及 HFC-23 液相比定压热容计算值与实验值的偏差随对比温度的分布，图 6-12 为这几种制冷剂液相比定压热容计算值与实验值的偏差随对比压力的分布。

表 6-3　HFCs 类液相比定压热容对比状态方程计算结果

制冷剂	数据量	最大偏差/%	平均偏差/%	T/K	p/MPa	T_r	p_r
验证计算							
HFC-134a	113	-9.53	1.07	273~373	0.50~30.00	0.730~0.997	0.12~7.39
HFC-143a	39	-2.65	1.83	285~345	1.50~5.00	0.824~0.998	0.39~1.33
HFC-152a	275	3.83	1.02	271~386	1.00~30.00	0.701~0.999	0.22~6.64
预测计算							
HFC-161	224	6.26	2.09	303~373	1.34~12.28	0.807~0.994	0.26~2.41
HFC-125	87	-5.76	4.19	255~335	1.59~5.00	0.752~0.987	0.43~1.38
HFC-32	40	8.34	4.82	275~340	2.10~5.00	0.783~0.968	0.36~0.86
HFC-23	92	5.95	2.31	202~298	1.00~20.00	0.675~0.996	0.21~4.14

从表 6-3 中可以看出，对于文中所选的四种 HFCs 类制冷剂，计算结果与实验值的绝对平均偏差为 2.76%，最大偏差为 8.34%。预测计算的 443 个点中，90.47%的点偏差小于 5.0%(399 个)，偏差小于 6.0%的点(442 个)更是高达 99.78%。与 HFC-161 液相比定压热容实验结果相比，方程计算值的最大偏差为 6.26%，绝对平均偏差为 2.09%，大多数计算值的偏差小于 5.0%，由 5.3.3 可知，本文方程的计算精度高于 HFC-161 现有的专用状态方程。由此可以看出本文提出的对比状态方程与 P-R 方程相比计算精度有较大提高，对于 HFC-161 其计算精度甚至高于现有的专用状态方程，这表明该对比状态方程对流体液相比定压热容具有良好的预测计算能力。

由图 6-11 可以看出，当对比温度 T_r 大于 0.95 时，除 HFC-32 有两个点的计算值与实验值偏差较大外，其余计算点的偏差与其他温度区域类似；图 6-12 表明，HFC-32 偏差较大的两个点位于靠近 $p_r=1$ 的区域。这表明除个别点外，该方程在近临界区域的计算精度与其他区域类似，表现出良好的预测特性。

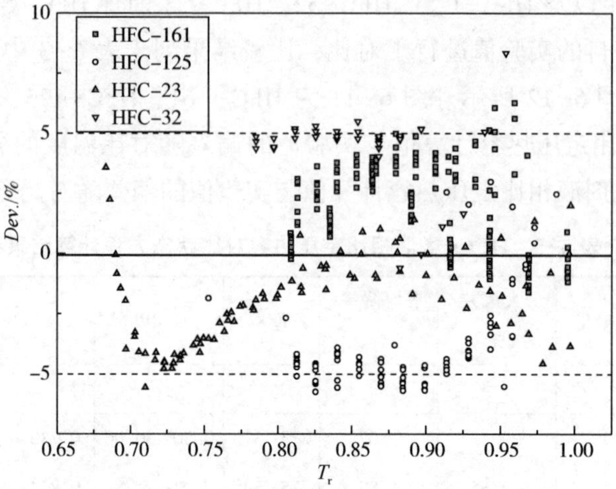

图 6-11　比定压热容对比态方程预测计算值与实验值偏差随对比温度变化

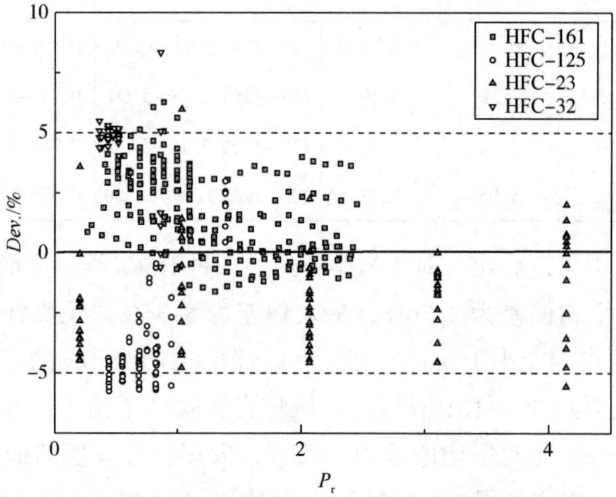

图 6-12　比热容对比态方程预测计算值与实验值偏差随对比压力变化

本文所用方程的参数均由乙烷系 HFCs 类物质拟合得到，但是其对于甲烷系 HFCs 类物质同样显示出优良的预测特性。由于丙烷系的 HFCs 类物质比定压热容实验数据较少，本文对现有的实验数据进行了预测计算。对于 HFC-227ea，Wirbser[161] 和 Baginskii[162] 的实验数据本身存在较大差异，Wirbser 的数据与 Baginskii 相比整体偏小约 6%，方程计算值与 Wirbser 的实验结果相比最大偏差为 9.97%，绝对平均偏差为 1.81%；与 Baginskii 的实验结果相比最大偏差为 9.17%，绝对平均偏差为 8.01%。对 Gao[163] 所实验测量的 HFC-245fa

与 HFC-236fa 的比定压热容分别进行计算，与实验结果相比 HFC-245fa 计算结果的最大偏差为 7.11%，绝对平均偏差为 3.37%；HFC-236fa 的最大偏差为 6.70%，绝对平均偏差为 2.65%，二者 84.11%的状态点偏差位于 5%以内，同样显示出较好的预测计算能力。由于丙烷系物质文献数据较少，有些文献数据之间也存在较大偏差，但整体上对现有的大部分文献数据，本文所拟合的对比态方程都显示出良好的预测能力。可以预测如果丙烷系 HFCs 类物质存在可靠实验数据，将其与 HFC-152a、HFC-134a、HFC-143a 的实验数据共同作为拟合方程参数的依据，取得的新方程对甲烷系、乙烷系、丙烷系 HFCs 类物质的比定压热容应该都具有良好的预测精度。

此外，本文利用 HFC-32、HFC-23 及 HFC-134a 的比定压热容实验值重新计算了 $f(p_r, T_r)$ 并将其拟合成了形如式(6-27)的表达式，其系数列于表 6-4 中。其计算及预测计算结果列于表 6-5 中。计算结果表明，参与拟合方程的 246 个数据点的计算值与实验值的绝对平均偏差为 2.06%，96.3%(237 个)点的偏差小于 5.0%。其预测计算结果显示，HFC-161、HFC-125、HFC-143a 及 HFC-152a 的计算值与实验值的最大偏差为-6.02%，绝对平均偏差为 1.87%，94.9%(592 个)点的偏差小于 5.0%仅有一个点偏差大于 6.0%。整体来看，新的拟合方程同样表现出良好的预测计算能力。这也表明利用不同 HFCs 类物质拟合的方程均具有良好的预测计算能力，再次证明本文所提出的方法是可行的，并且具有良好的预测计算能力。

表 6-4　HFC32、HFC-23 及 HFC-134a 比定压热容对比态状态方程参数

a_1	0.7546	a_7	2.6122
a_2	5.0748	a_8	-14.8869
a_3	19.7360	a_9	-5.0526×10^{-2}
a_4	-44.8306	a_{10}	-4.2328×10^{-3}
a_5	0.2640	a_{11}	7.7544×10^{-4}
a_6	-1.7751×10^{-2}		

表 6-5　新拟合方程的 HFCs 类液相比定压热容对比状态方程计算结果

制冷剂	数据量	最大偏差/%	平均偏差/%	T/K	p/MPa	T_r	p_r
验证计算							
HFC-134a	113	-12.16	1.38	273~373	0.50~30.00	0.730~0.997	0.12~7.39
HFC-32	41	14.75	4.57	275~340	2.10~5.00	0.783~0.968	0.36~0.86
HFC-23	92	4.62	1.74	202~298	1.00~20.00	0.675~0.996	0.21~4.14

续表

制冷剂	数据量	最大偏差/%	平均偏差/%	T/K	p/MPa	T_r	p_r
预测计算							
HFC-161	224	5.67	1.79	303~373	1.34~12.28	0.807~0.994	0.26~2.41
HFC-125	87	-6.02	4.42	255~335	1.59~5.00	0.752~0.987	0.43~1.38
HFC-143a	39	-2.87	2.12	285~345	1.50~5.00	0.824~0.998	0.39~1.33
HFC-152a	275	-4.35	1.08	271~386	1.00~30.00	0.701~0.999	0.22~6.64

本文尝试对HFCs类物质气相比热容用同样方法进行预测计算，但由于气相区域的比定压热容实验数据量较少、温度压力范围较窄，并且数据的精度不如液相区域，所以在气相区难以得到一个预测计算精度较高的$f(p_r, T_r)$表达式。因此，本文没有对HFCs类物质的气相比定压热容进行理论计算。

整体来看，本文提出的比定压热容对比态计算方程具有以下特点：①方程由P-R方程与对比态原理相结合而来，有一定的理论基础；②方程中含有温度与压力变量，能够适用于较广温度与压力范围内液体比定压热容的推算；③方程以P-R方程为基础，使用时仅需要少量物性参数(临界性质、偏心因子及理想气体比定压热容)，可通过实验获得准确的数据；④方程具有较高的计算精度，绝对平均偏差在3.0%以内，对HFC-161计算精度高于现有的专用状态方程，具有较好的应用前景。

6.6 本章小结

本章利用P-R状态方程计算了部分HFCs类物质的比定压热容，与实验值相比偏差较大，表明直接使用P-R方程计算液相比定压热容的方法不可取。通过分析，将对比态原理与P-R方程相结合提出了一个新的计算方程，对HFCs类物质的比定压热容进行了预测计算，取得了良好的效果。主要内容如下：

(1) 利用P-R方程计算了部分甲烷系与乙烷系的HFCs类物质的液相比定压热容，并与文献值进行了比较。比较结果显示，计算值与文献值相比整体偏小，绝对平均偏差普遍在20%左右，最高到30%以上。通过分析发现，偏差分布呈现一定规律：等压条件下，随温度升高偏差逐渐减小；等温条件下，随压力增大偏差逐渐增大。

(2) 根据对比态原理，并将其与P-R方程相结合，提出了一个计算流体比定压热容的对比态方程，用 HFC-152、HFC-143a、HFC-134a 比定压热容的$f(p_r, T_r)$计算结果验证了该方法的可行性。

（3）利用不同 HFCs 类物质的组合分别拟合了计算方程的系数，预测计算了部分 HFCs 类物质的液相比定压热容。结果表明：方程计算值的绝对平均偏差均在 3.0%以内。本文提出方程的计算精度较 P-R 方程有较大提高，对 HFC-161 液相比定压热容的计算精度高于现有的状态方程。这表明，本文提出的方程满足于 HFCs 类物质的液相比定压热容的计算，为比定压热容的理论计算提供了新的方法。

参 考 文 献

[1] Molina MJ, Rowland FS. Stratospheric sink for chlorofluoromethanes: chlorine atom-catalysed destruction of ozone [J]. Nature, 1974, 249(5460): 810-812.

[2] 张剑智. 浅析履行《蒙特利尔议定书》(伦敦修正案)中的技术引进[J]. 环境保护, 2002(1): 46-48.

[3] 朱明善, 王鑫. 制冷剂的过去、现状和未来 [J]. 制冷学报, 2002(1): 14-20.

[4] 丁一汇, 孙冷. 全球变暖在改变我们的生活 [J]. 气象知识, 2002(3): 4-5.

[5] 范保安, 蒋宜捷. CFCs 和替代物的温室效应 [J]. 有机氟工业, 1991(3): 28-30.

[6] 马一太, 田华. 从两个议定书的角度看替代制冷剂的发展 [J]. 机械工业标准化与质量, 2007, 11: 37-39.

[7] 曹德胜, 史琳. 制冷剂使用手册 [M]. 北京: 中国科学院, 2003.

[8] 张嘉辉, 马一太, 苏维诚, 等. R22 与其替代工质的性能比较与分析 [J]. 工程热物理学报, 1999, 20(5): 534-537.

[9] 杨昭, 刘志刚, 赵三元, 等. 新型 HCFCS 替代物筛选及性能实验 [J]. 太阳能学报, 1998, 19(2): 133-139.

[10] 徐明仿, 马贞俊, 周晋, 等. R22 的新型绿色替代制冷剂[J]. 制冷与空调: 北京, 2004, 4(3): 70-73.

[11] 毛海萍. R22 氟利昂制冷剂的替代[J]. 压缩机技术, 2011(3): 27-29.

[12] 段远源, 张重华, 林鸿, 等. 环保制冷剂表面张力的预估方程[J]. 工程物理学报, 2001(3): 278-280.

[13] 雷霞, 段远源, 史琳, 等. HFC-227ea 的维里系数研究 [J]. 工程热物理学报, 2000, 21(6): 673-676.

[14] 史琳, 朱明善. 家用/商用空调用 R32 替代 R22 的再分析 [J]. 制冷学报, 2010, 31(1): 1-5.

[15] 史琳, 朱明善, 韩礼钟, 等. Thermophysical properties of difluoromethane (HFC-32) [J]. Science in China (Series E: Technological Sciences), 1998(4): 435-422.

[16] 陈光明, 高赞军, 韩晓红. HCFC-22 替代制冷剂研究进展及其相关问题讨论 [J]. 制冷与空调, 2011, 11(1): 101-109.

[17] 王勤, 陈福胜, 朱志伟, 等. HFC-161 混合物作为 HCFC-22 替代制冷剂的实验研究 [J]. 工程热物理学报, 2009, 30(2): 202-204.

[18] 宣永梅, 陈光明. HCFC-22 替代制冷剂 HFC-161/125/32 的泄漏特性理论分析 [J]. 制冷学报, 2011, 32(4): 67-71.

[19] 毛润治, 张于峰, 朱雯婕, 等. 混合制冷剂 R152a/ R125 作为家用空调替代工质的可行性研究 [J]. 流体机械, 1999, (8): 44-51.

[20] 王倩，吴挺，张于峰，等．R22 替代物 R290 的理论与试验研究 [J]. 流体机械，2004，32(7)：46-50.
[21] 张于峰．小型制冷机替代工质的研究(上) [J]. 制冷与空调，2001，1(1)：61-65.
[22] 吴江涛，褚英杰，刘志刚．空调制冷剂 HFC32/HFC152a/HFC125 的性能研究[C]. 全国制冷空调新技术研讨会，2006.
[23] 刘志刚，吴江涛，褚英杰．制冷剂 HFC32/HFC125/HFC152a 的热力学性能分析 [J]. 西安交通大学学报，2005，39(1)：1-5.
[24] 郭智恺．HFC-161 及其应用 [J]. 制冷与空调，2006，6(6)：62-66.
[25] 朱志伟．制冷剂 R161 与 POE 润滑油相溶性的理论与实验研究 [D]. 浙江大学，2008.
[26] 许哲真．R161/油与制冷系统常用塑料、橡胶相容性实验研究 [D]. 浙江大学，2012.
[27] Xuan Y, Chen G. Experimental study on HFC-161 mixture as an alternative refrigerant to R502 [J]. International Journal of Refrigeration, 2005, 28(3): 436-441.
[28] Booth HS, Swinehart CF. The Critical Constants and Vapor Pressures at High Pressure of Some Gaseous Fluorides of Group IV1 [J]. Jamchemsoc, 1935(7): 1337-1342.
[29] Beyerlein AL, Desmarteau DD, Kul I, et al. Properties of novel fluorinated compounds and their mixtures as alternative refrigerants [J]. Fluid Phase Equilibria, 1998, 150-151: 287-296.
[30] Smyth CP, Mcalpine KB. The Dipole Moments of the Methyl and Ethyl Halides [J]. Journal of Chemical Physics, 1934, 2(8): 499-502.
[31] Grosse AV. Refractive Indices at Low Temperatures1 [J]. Jamchemsoc, 1937, 32(4): 581-583.
[32] Grosse AV, Wackher RC, Linn CB. Physical Properties of the Alkyl Fluorides and A Comparison of the Alkyl Fluorides with the Other Alkyl Halides and with the Alkyls of the Elements of Period II [J]. The Journal of chemical physics, 1940, 44(3): 275-296.
[33] Vidaurrl FC. Ethyl fluoride vapor pressure [J]. Journal of Chemical & Engineering Data, 1975, 20(4): 349-350.
[34] Kul I, Desmarteau DD, Beyerlein AL. Vapor-liquid equilibria of novel chemicals and their mixtures as R-22 alternatives [J]. Fluid Phase Equilibria, 2000, 173(2): 263-276.
[35] Chen Q, Ronghua Hong A, Chen G. Vapor Pressure Measurements of Ethyl Fluoride [J]. Journal of Chemical & Engineering Data, 2005, 50(5): 1586-1588.
[36] Cui XL, Chen GM, Han XH, et al. Experimental vapor pressure data and a vapor pressure equation for fluoroethane (HFC-161) [J]. Fluid Phase Equilibria, 2006, 245(2): 155-157.
[37] Chen Q, Hong RH, Chen GM. Gaseous PVT properties of ethyl fluoride [J]. Fluid Phase

Equilibria, 2005, 237(1-2): 111-116.

[38] Han XH, Xu YJ, Min XW, et al. Density Data for the Refrigerant Ethyl Fluoride (HFC-161) over a Temperature Range from (230 to 344) K [J]. Journal of Chemical & Engineering Data, 2011, 56(7): 3038-3042.

[39] Fan J, Zhao X, Guo Z. Surface tension of ethyl fluoride (HFC161) from (233 to 373)K [J]. Fluid Phase Equilibria, 2012, 316(9): 98-101.

[40] Fan J, Zhao X, Guo Z, et al. Saturated Liquid Viscosity of Ethyl Fluoride (HFC161) from 233 K to 373 K [J]. International Journal of Thermophysics, 2012, 33(12): 2243-2250.

[41] He Y, Li R, Gao N, et al. Isobaric Heat Capacity of HFC-161 in the Liquid Phase at Temperatures up to 360. 15 K and Pressures up to 5. 5 MPa [J]. Journal of Chemical & Engineering Data, 2015, 60(8): 2226-2231.

[42] Wu J, Zhou Y. An Equation of State for Fluoroethane (R161) [J]. International Journal of Thermophysics, 2012, 33(2): 220-234.

[43] Dong X, Gong M, Liu J, et al. Vapor-Liquid Equilibria for 1, 1, 2, 2-Tetrafluoroethane (R134)+Fluoroethane (R161) at Temperatures between (263. 15 and 288. 15) K [J]. Journal of Chemical & Engineering Data, 2010, 55(9): 3383-3386.

[44] Dong X, Gong M, Zhang Y, et al. Vapor-Liquid Equilibria of the Fluoroethane (R161) + 1, 1, 1, 2-Tetrafluoroethane (R134a) System at Various Temperatures from (253. 15 to 292. 92) K [J]. Jchemengdata, 2008, 53(9): 2193-2196.

[45] Chen LX, Hu P, Zhu WB, et al. Vapor-liquid equilibria of fluoroethane (HFC-161) + 2, 3, 3, 3-tetrafluoroprop-1-ene (HFO-1234yf) [J]. Fluid Phase Equilibria, 2015, 392: 19-23.

[46] Wakeham WA, Akira N, Sengers JV. Measurement of the transport properties of fluids [M]. Blackwell Scientific Publications, 1991.

[47] May EF, Moldover MR, Berg RF, et al. Transport properties of argon at zero density from viscosity-ratio measurements [J]. Metrologia International Journal of Scientific Metrology, 2006, 43(3): 247-258.

[48] May EF, Berg RF, Moldover MR. Reference Viscosities of H_2, CH_4, Ar, and Xe at Low Densities [J]. International Journal of Thermophysics, 2007, 28(4): 1085-1110.

[49] 车晋，林鸿，高林虎，等．测量理想气体状态下气体输运性质的双毛细管黏度计研究［J］．电子测量与仪器学报，2013，27(2)：167-172.

[50] Tough JT, Mccormick WD, Dash JG. Viscosity of Liquid He Ⅱ [J]. Physical Review, 1963, 132(6): 2373-2378.

[51] Tough JT, Mccormick WD, Dash JG. Vibrating Wire Viscometer [J]. Review of Scientific Instruments, 1964, 35(10): 1345-1348.

[52] Wilhelm J, Vogel E, Lehmann JK, et al. A Vibrating-Wire Viscometer for Dilute and Dense Gases [J]. International Journal of Thermophysics, 1998, 19(2): 391-401.

[53] Greenspan M, Wimenitz FN, Greenspan M, et al. An Acoustic Viscometer For Gases-Part 1 [J]. Transactions of the Faraday Society, 1953, 2(15): 1401-1405.

[54] Hurly JJ, Gillis KA, Mehl JB, et al. The Viscosity of Seven Gases Measured with a Greenspan Viscometer [J]. International Journal of Thermophysics, 2003, 24(6): 1441-1474.

[55] Gillis KA, Mehl JB, Moldover MR. Greenspan acoustic viscometer for gases [J]. Review of Scientific Instruments, 1996, 67(5): 1850-1857.

[56] Kestin J, Pilarczyk K. Measurement of the viscosity of five gases at elevated pressures by the oscillating-disk method [J]. Trans ASME, 1954, 76(6): 987-1000.

[57] Kestin J, Leidenfrost W. An absolute determination of the viscosity of eleven gases over a range of pressures [J]. Physica, 1959, 25(59): 1033-1062.

[58] Kestin J, Leidenfrost W. The viscosity of helium [J]. Physica, 1959, 25(1-6): 537-555.

[59] Newell GF. Theory of oscillation type viscometers V: Disk oscillating between fixed plates [J]. Zeitschrift Für Angewandte Mathematik Und Physik Zamp, 1959, 10(2): 160-174.

[60] Kestin J, Persen LN. Slow oscillations of bodies of revolution in a viscous fluid; proceedings of the Proc. Intl. Conf. App. Mech., Brussels, F, 1956 [C].

[61] Kestin J, Newell GF. Theory of oscillation type viscometers: The oscillating cup [J]. Zeitschrift Für Angewandte Mathematik Und Physik Zamp, 1957, 8(6): 433-449.

[62] Azpeitia AG, Newell GF. Theory of oscillation type viscometers Ⅲ: A thin disk [J]. Zeitschrift für angewandte Mathematik und Physik ZAMP, 1958, 9(2): 97-118.

[63] Azpeitia AG, Newell GF. Theory of oscillation type viscometers Ⅳ: A thick disk [J]. Zeitschrift Für Angewandte Mathematik Und Physik Zamp, 1958, 10(1): 15-34.

[64] Kestin J, Whitelaw JH. A relative determination of the viscosity of several gases by the oscillating disk method [J]. Physica, 1963, 29(4): 335-356.

[65] Kestin J, Ro ST, Wakeham WA. Viscosity of the Binary Gaseous Mixtures He-Ne and Ne-N_2 in the Temperature Range 25~700℃ [J]. Journal of Chemical Physics, 1972, 56(12): 5837-5842.

[66] Kestin J, Ro ST, Wakeham WA. Viscosity of the Noble Gases in the Temperature Range 25-700°C [J]. Journal of Chemical Physics, 1972, 56(8): 4119-4124.

[67] Kestin J, Ro ST, Wakeham WA. Viscosity of the Binary Gaseous Mixture Neon-Krypton [J]. Journal of Chemical Physics, 1972, 56(8): 4086-4091.

[68] Kestin J, Khalifa HE, Wakeham WA. The viscosity of gaseous mixtures containing krypton [J]. Journal of Chemical Physics, 1977, 67(9): 4254-4259.

[69] Hellemans JM, Kestin J, Ro ST. Viscosity of the Binary Gaseous Mixtures of Nitrogen with Argon and Krypton [J]. Journal of Chemical Physics, 1972, 57(57): 4038-4042.

[70] Yokoyama C, Nishino T, Takahashi M. Viscosity of gaseous mixtures of HFC-125 (pentafluoroethane) + HFC-134a (1, 1, 1, 2-tetrafluoroethane) under pressure [J]. Fluid Phase Equilibria, 2000, 174(174): 231-240.

[71] Takahashi M, Yokoyama C, Takahashi S. Gas viscosities of azeotropic mixtures of the halogenated hydrocarbons R500, R502, and R503 [J]. Journal of Chemical & Engineering Data, 2002, 33(3): 2597-2600.

[72] Takahashi M, Takahashi S, Iwasaki H. Viscosity of gaseous chlorotrifluoromethane (R 13) under pressure [J]. Journal of Chemical & Engineering Data, 2002, 30(1): 10-14.

[73] Shibasakikitakawa N, Takahashi M, Yokoyama C, et al. Gas Viscosity of Difluoromethane from 298. 15 to 423. 15 K and up to 10 MPa [J]. Jchemengdata, 1995, 40(4): 900-902.

[74] Iwasaki H, Takahashi M. Viscosity of carbon dioxide and ethane [J]. Journal of Chemical Physics, 1981, 74(74): 1930-1943.

[75] Wilhelm J, Vogel E. Gas-phase viscosity of the alternative refrigerant R134a at low densities [J]. Fluid Phase Equilibria, 1996, 125(1): 257-266.

[76] Vogel E, Neumann AK. Vapor-phase viscosity of phenol [J]. International Journal of Thermophysics, 1993, 14(14): 805-818.

[77] Vogel E, Hendl S. Vapor phase viscosity of toluene and p-xylene [J]. Fluid Phase Equilibria, 1992, 79: 313-326.

[78] Vogel E. Konstruktion eines Quarzglas-Schwingscheibenviskosimeters und Messungen an Stickstoff und Argon [J]. Wiss Z Univ Rostock, 1972, 21(M2): 169-179.

[79] Nabizadeh H, Mayinger F. Viscosity of Gaseous R404A, R407C, R410A, and R507 [J]. International Journal of Thermophysics, 1999, 20(3): 777-790.

[80] Nabizadeh H, Mayinger F. Viscosity of Binary Mixtures of Hydrogen and Natural Gas (hythane) in the Gaseous Phase [J]. High Temperatures-High Pressures, 1999, 31(6): 601-612.

[81] Nabizadeh H, Mayinger F. Viscosity of refrigerants R12, R113, and R114 and mixtures of R12 + R114 at high pressure [J]. International Journal of Thermophysics, 1989, 10(3): 701-712.

[82] Krall AH, Sengers JV, Kestin J. Viscosity of liquid toluene at temperatures from 25 to 150. degree. C and at pressures up to 30 MPa [J]. Jchemengdata, 1992(3): 349-355.

[83] 张智. 卤代烃类物质迁移物性的理论研究及气相黏度的实验研究 [D]. 西安交通大学, 2000.

[84] 王文, 李刚. 气体黏度测量的低频振动法研究 [J]. 西安交通大学学报, 1997(5):

10-14.

[85] 王文．振动盘黏度计的研制及流体黏度的分子动力学模拟研究［D］．西安交通大学，1997.

[86] 王军荣．HCFC22 替代物的理论研究及 R407C 气相黏度的实验研究［D］．西安交通大学，2001.

[87] Wang X，Wu J，Liu Z. Viscosity of Gaseous HFC245fa［J］. Jchemengdata，2009，55(1)：496-499.

[88] 王晓坡．基于摩擦理论的替代制冷剂黏度模型和振动盘黏度计的改进及应用研究［M］. 2009.

[89] Kestin J，Leidenfrost W，Liu CY. On relative measurements of the viscosity of gases by the oscillating-disk method［J］. Zeitschrift Für Angewandte Mathematik Und Physik Zamp，1959，10(6)：558-564.

[90] 王军荣，刘志刚．振动盘式黏度计工作方程的修正及 R407C 气相黏度的实验研究［J］．热科学与技术，2002，1(2)：164-168.

[91] Loginov YN，Yermakov AV，Grohovskaya LG，et al. Annealing Characteristics and Strain Resistance of 99. 93wt. % Platinum implications for the manufacture of platinum artefacts［J］. Platinum Metals Review，2007，51(4)：178-184.

[92] Lemmon EW，Jacobsen RT. Viscosity and Thermal Conductivity Equations for Nitrogen，Oxygen，Argon，and Air［J］. International Journal of Thermophysics，2004，25(1)：21-69.

[93] Tegeler C，Span R，Wagner W. A New Equation of State for Argon Covering the Fluid Region for Temperatures From the Melting Line to 700 K at Pressures up to 1000 MPa［J］. Journal of Physical & Chemical Reference Data，1999，28(3)：779-850.

[94] Fenghour A，Wakeham WA，Vesovic V. The Viscosity of Carbon Dioxide［J］. Journal of Physical & Chemical Reference Data，1998，27(1)：31-44.

[95] Span R，Wagner W. A New Equation of State for Carbon Dioxide Covering the Fluid Region from the Triple point Temperature to 1100 K at Pressures up to 800 MPa［J］. Journal of Physical & Chemical Reference Data，1996，25(1)：151-159.

[96] Span R，Lemmon EW，Jacobsen RT，et al. A Reference Equation of State for the Thermodynamic Properties of Nitrogen for Temperatures from 63. 151 to 1000 K and Pressures to 2200 MPa［J］. Journal of Physical & Chemical Reference Data，2000，29(6)：1361-1433.

[97] Kestin J，Shankland IR. A re-evaluation of the relative measurement of viscosity with oscillating-disk viscometers［J］. Zeitschrift Für Angewandte Mathematik Und Physik Zamp，1981，32(5)：533-545.

[98] Berg RF, Moldover MR. Recommended viscosities of 11 dilute gases at 25 C [J]. J Phys Chem Ref Data, 2012, 41(4): 043104.

[99] Leachman JW, Jacobsen RT, Penoncello SG, et al. Fundamental Equations of State for Parahydrogen, Normal Hydrogen, and Orthohydrogen [J]. Journal of Physical & Chemical Reference Data, 2009, 38(3): 721-748.

[100] 胡英. 应用统计力学 [M]. 北京: 化学工业出版社, 1990.

[101] Kestin J, Knierim K, Mason EA, et al. Equilibrium and Transport Properties of the Noble Gases and Their Mixtures at Low Density [J]. Journal of Physical & Chemical Reference Data, 1984, 13(1): 229-303.

[102] 施明恒, 薛宗荣. 热工实验的原理和技术 [M]. 南京: 东南大学出版社, 1992.

[103] Touloukian YS, Makita T. Specific heat: nonmetallic liquids and gases [M]. IFI/Plenum, 1970.

[104] Wormald CJ. Near-critical measurements of enthalpy increments for benzene: a new flow calorimeter for the measurement of near-critical enthalpy increments [J]. Journal of Chemical Thermodynamics, 2000, 32(12): 1707-1725.

[105] Wormald CJ, Massucci M, Malliband G, et al. A flash vaporizing flow calorimeter for the measurement of enthalpy increments. Test measurements on n-hexane at $T=473.2$K and $T=510.2$K and pressures up to $p=5.2$MPa [J]. Journal of Chemical Thermodynamics, 1999, 31(7): 955-967.

[106] Grini PG, Mæhlum HS, Brendeng E. In situ calibration of Coriolis flowmeters for high-pressure gas flow calorimetry [J]. Flow Measurement & Instrumentation, 1994, 5(4): 285-288.

[107] Grini PG, Owren GA, Mæhlum HS, et al. Flow calorimeter for enthalpy increment measurements on condensed gases [J]. International Journal of Refrigeration, 1997, 20(1): 32-37.

[108] Sandarusi JA, Mulia K, Yesavage VF. An automated flow calorimeter for the determination of liquid and vapor isobaric heat capacities: Test results for water and n-pentane [J]. Review of Scientific Instruments, 1992, 63(2): 1810-1821.

[109] Segovia JJ, Vega-Maza D, Chamorro CR, et al. High-pressure isobaric heat capacities using a new flow calorimeter [J]. The Journal of Supercritical Fluids, 2008, 46(3): 258-264.

[110] Bier K, Kunze J, Maurer G. Thermodynamic properties of ethane from calorimetric measurements [J]. Journal of Chemical Thermodynamics, 1976, 8(9): 857-868.

[111] Bier K, Ernst G, Maurer G. Flow apparatus for measuring the heat capacity and the Joule-Thomson coefficient of gases [J]. Journal of Chemical Thermodynamics, 1974, 6(11):

1027-1037.

[112] Bier K, Ernst G, Kunze J, et al. Thermodynamic properties of propylene from calorimetric measurements [J]. Journal of Chemical Thermodynamics, 1974, 6(11): 1039-1052.

[113] Bier K, Büsser J, Ernst G. Experimental heat capacities C_p of non-ideal binary gaseous mixtures from C_3H_8, i-C_4H_{10}, CHF_2Cl and C_2F_5Cl [J]. Journal of Chemical Thermodynamics, 1973, 5(1): 83-96.

[114] Ernst G, Maurer G, Wiederuh E. Flow calorimeter for the accurate determination of the isobaric heat capacity at high pressures; results for carbon dioxide [J]. Journal of Chemical Thermodynamics, 1989, 21(1): 53-65.

[115] Ernst G, Hochberg UE. Flow-calorimetric results for the specific heat capacity c_p of CO_2, of C_2H_6, and of $(0.5CO_2+0.5C_2H_6)$ at high pressures [J]. Journal of Chemical Thermodynamics, 1989, 21(4): 407-414.

[116] Ernst G, Wirbser H. Flow-calorimetric massic heat capacity c p of ($0.5\ CFCl_3+0.5\ CF_2ClCFCl_2$) at pressures up to 30MPa and temperatures between 288K and 503K [J]. Journal of Chemical Thermodynamics, 2002, 34(5): 573-578.

[117] Ernst G, Keil B, Wirbser H, et al. Flow-calorimetric results for the massic heat capacity c p and the Joule-Thomson coefficient of CH_4, of $(0.85CH_4+0.15C_2H_6)$, and of a mixture similar to natural gas [J]. J Chem Thermodyn, 2001, 33(6): 601-613.

[118] Dettmann C, Ernst G, Wirbser H. Excess enthalpy H^E and massic heat capacity c_p of (water+methanol) at temperatures between 323K and 513K and pressures up to 10MPa [J]. J Chem Thermodyn, 2006, 38(1): 56-67.

[119] Dreher I. Experimental determination of the isobaric specific heat capacity of propan-2-ol up to pressures of 30MPa and temperatures of 573K [J]. J Chem Thermodyn, 1979, 11(10): 993-1003.

[120] Nakagawa S, Hori T, Sato H, et al. Isobaric Heat-Capacity for Liquid 1-Chloro-1, 1-Difluoroethane And 1, 1-Difluoroethane [J]. J Chem Eng Data, 1993, 38(1): 70-74.

[121] Miyamoto H, Kitajima H, Kagawa N, et al. Specific Isochoric Heat Capacity Measurements for Liquid Isobutane [J]. Trans Jsrae, 2003, 20(2): 231-237.

[122] Saitoh A, Nakagawa S, Sato H, et al. Isobaric heat capacity data for liquid HFC-134a [J]. Journal of Chemical & Engineering Data, 1990, 35(2): 107-110.

[123] Kagawa N, Matsuguchi A, Watanabe K. Measurement of isobaric heat capacity of R125 [J]. International Journal of Refrigeration, 2011, 34(1): 275-279.

[124] Yesavage V F. An automated flow calorimeter for heat capacity and enthalpy measurements at elevated temperatures and pressures: Progress report, March 1, 1987 - February 29, 1988

[125] Sandarusi JA, Yesavage VF. An automated flow calorimeter for heat capacity and enthalpy measurements [J]. International Journal of Thermophysics, 1988, 9: 6(9): 993-1002.

[126] Zubkov A, Fujino T, Sato N, et al. A high-precision heat-flow calorimeter for measurements up to 1300 K [J]. Review of Scientific Instruments, 1997, 68(6): 2428-2431.

[127] 时家增，何志迈．流动卡计测量加压气体比热实验台研制．第二届全国热物性学术讨论会，F，1987 [C].

[128] 俞庆森，方文军．丙酮-氯仿，苯-四氯化碳和苯-乙醇二元体系的气相热容测定 [J]. 化工学报，1995(5)：609-614.

[129] 邵爽，俞庆森．乙酸-4-甲基-2-戊酮体系汽体热容的测定与研究 [J]. 浙江大学学报：工学版，1995(4)：523-527.

[130] 丁翼鸣，俞庆森，林瑞森，等．气体流动热量计和苯、苯-环己烷气体热容的测量 [J]. 物理化学学报，1992(4)：542-547.

[131] Wu Y, Yu Q, Zhong H, et al. A new flow calorimeter for the determination of the isobaric heat capacity of vapors [J]. Thermochimica Acta, 1995, 254(8): 93-101.

[132] 赵冠春，宋小明．1-1-二氟乙烷气体比热的实验测量和理论计算 [J]. 高校化学工程学报，1992(4)：290-296.

[133] 郭健翔，赵冠春，马广斌．流动式高压气体比热实验台的建立 [J]. 工程热物理学报，1990(1)：13-16.

[134] 赵小明，刘志刚，陈钟颀．流动型量热法测量液体比热容实验研究 [J]. 西安交通大学学报，1999，33(3)：52-55.

[135] 赵小明，刘志刚，陈钟颀．流动型高压液体及其混合物定压比热容测量装置的建立 [J]. 上海交通大学学报，1999，33(8)：1008-1012.

[136] 赵小明，刘志刚．HFC152a/HFC32 液相混合物比热容的测量 [J]. 化工学报，1998(6)：740-744.

[137] Sirota AM, Maltsev BK. Experimental investigation of the heat capacity of water at temperatures 10 ~ 500℃ and pressures up to 500kg/cm^2 [J]. Teploenergetika, 1959, 6(9): 7-15.

[138] Naziev YM, Bashirov MM, Badalov YA. Experimental device for measurement of isobaric specific heat of electrolytes at high state parameters [J]. Journal of engineering physics, 1986, 51(5): 1320-1325.

[139] Wagner W, Pruß A. The IAPWS Formulation 1995 for the Thermodynamic Properties of Ordinary Water Substance for General and Scientific Use [J]. Journal of Physical & Chemical Reference Data, 2002, 31(2): 387-535.

[140] Lemmon, EW, Bell, IH, Huber, ML, McLinden, MO NIST Standard Reference Database 23: Reference Fluid Thermodynamic and Transport Properties-REFPROP, Version

10.0, National Institute of Standards and Technology, Standard Reference Data Program, Gaithersburg, 2018.
[141] 苏长荪，谭连城，刘桂玉．高等工程热力学 [M]. 北京：高等教育出版社，1987.
[142] Kan T, Yasuda G, Suzuki M, et al. Isobaric Heat Capacity of Liquid R-125[C]. Proceedingof the 33rd National Heat Transfer Symposium of Japan, 1996.
[143] Tanaka K, Higashi Y. Measurements of the Isobaric Specific Heat Capacity for 1, 1, 1-Trifluoroethane (R143a), Pentafluoroethane (R125), and Difluoromethane (R32) in the Liquid Phase [J]. Journal of Chemical & Engineering Data, 2010, 55(4): 1516-1518.
[144] Wilson LC, Wilding WV, Wilson GM, et al. Thermophysical properties of HFC-125 [J]. Fluid Phase Equilibria, 1992, 80(48): 167-177.
[145] Nakagawa S, Sato H, Watanabe K. Isobaric Specific Heat of HFC-134a and HCFC-123 [C]. Proceedingof the 27th National Heat Transfer Symposium of Japan, 1990.
[146] Sato H, Watanabe K. Measurements of isobaric specific heat for alternative refrigerants [J]. High Temp-High Pressures, 1994(26): 691-700.
[147] Ernst G, Gürtner J, Wirbser H. Massic heat capacities and Joule-Thomson coefficients of CH_2FCF_3(R134a) at pressures up to 30 MPa and temperatures between about 253K and 523K [J]. J Chem Thermodyn, 1997, 29(10): 1113-1124.
[148] Yamamura T, Zhao X, Sato H. Specific Heat Capacity at Constant Pressure of Liquid HFC-143a; proceedings of the Proc. of the Twentieth Japan Symposium on Thermophysical Properties, Tokyo, F, 1999 [C].
[149] Porichanskii EG, Ponomareva OP, Svetlichnyi PI. Study of the isobaric heat capacity of Freon 152A in a wide range of parametric conditions [J]. Izv Vyash Uchebo Zaved, Energ, 1982(3): 122-125.
[150] Yomo M. An Experimental Study of Isobaric Heat Capacity of Liquid HFC-32 [D]. Keio University, 1994.
[151] Ponomareva OP, Romanov VK. Heat Capacity at Constant Pressure of Refrigerants [J]. Teplofiz Svoistva Veshch Mater, 1989, 28: 18-23.
[152] He MG, Yang YJ, Zhang Y, et al. Theoretical estimation of the isobaric heat capacity c_p of refrigerant [J]. Applied Thermal Engineering, 2008, 28(14): 1813-1825.
[153] 杨亚晶，何茂刚，张颖．制冷剂比定压热容的推算理论研究 [J]. 化学工程，2008 (03): 43-46.
[154] 杨亚晶，何茂刚，张颖．制冷剂比定压热容的计算分析 [J]. 化学工程，2008，36 (05): 48-50.
[155] 杨亚晶，何茂刚，张颖，等. 利用状态方程推算实际流体比定压热容的研究[C]. 中国工程热物理学会第十一届年会工程热力学与能源利用学术会议，2005.

[156] Bondi A. Estimation of Heat Capacity of Liquids [J]. Industrial & Engineering Chemistry Fundamentals, 1966, 25(12).

[157] Yuan TF, Stiel LI. Heat Capacity of Saturated Nonpolar and Polar Liquids [J]. Industrial & Engineering Chemistry Fundamentals, 1970, 9(3): 393-400.

[158] Lyman TJ, Danner RP. Correlation of liquid heat capacities with a four-parameter corresponding states method [J]. Aiche Journal, 1976, 22(4): 759-765.

[159] Wirbser H, Bräuning G, Gürtner J, et al. Flow-calorimetric specific heat capacities and Joule-Thomson coefficients of CF_3CHFCF_3 (R227) - a new working fluid in energy technics-at pressures up to 15MPa and temperatures between 253K and 423K [J]. J Chem Thermodyn, 1992, 24(7): 761-772.

[160] Baginskii AV, Stankus SV. Thermodynamic and Transport Properties of Liquid HFC-227ea [J]. International Journal of Thermophysics, 2003, 24(4): 953-961.

[161] Gao N, Chen G, Li R, et al. Isobaric heat capacities of R245fa and R236fa in liquid phase at temperatures from (315 to 365) K and pressures up to 5.5MPa [J]. J Chem Thermodyn, 2015(90): 46-50.

附录A 主要符号表

A	面积，m^2
C	修正系数
E	修正系数
F	力，N
I	转动惯量，$g \cdot cm^2$
M	摩尔质量，$kg \cdot mol^{-1}$
Q	热量，J
R	通用气体常数，$J \cdot mol^{-1} \cdot K^{-1}$
R_g	气体常数，$J \cdot kg^{-1} \cdot K^{-1}$
S	次
T	热力学温度，K
T_c	临界温度，K
T_r	对比温度
T_0	振动周期，s
U	电压，V
Z	压缩因子
a	自由能，$J \cdot mol^{-1}$
c_p	比定压热容，$kJ \cdot kg^{-1} \cdot K^{-1}$
h	焓，$J \cdot mol^{-1}$
m	质量，$kg \cdot K^{-1}$
p	压力，MPa
p_c	临界压力，MPa
p_r	对比压力，MPa

q	热量，$J \cdot kg^{-1}$
q_m	质量流量，$kg \cdot s^{-1}$
s	熵，$J \cdot mol^{-1} \cdot K^{-1}$
t	时间，s
v	比体积，$m^3 \cdot kg^{-1}$
Δ	对数衰减率
Φ	功率，W
δ	边界层厚度，mm
η	黏度，$Pa \cdot s$
θ	对比时间
ρ	密度，$kg \cdot m^{-3}$
τ	时间间隔，s
ω	偏心因子

附录B 制冷剂比热容实验数据

附表 B.1.1 R134a 比定压热容(气相)实验数据摘录

T/K	p/MPa	$c_{p,exp}$/(J·kg^{-1}·K^{-1})	T/K	p/MPa	$c_{p,exp}$/(J·kg^{-1}·K^{-1})
253.00	0.04	768.21	363.00	0.10	954.31
253.00	0.05	772.91	363.00	0.15	958.21
253.00	0.06	777.61	363.00	0.20	962.11
253.00	0.07	782.51	363.00	0.30	970.41
253.00	0.08	787.71	363.00	0.50	988.11
273.00	0.05	802.21	373.15	0.0001	953.64
273.00	0.07	808.31	373.15	0.10	960.01
273.00	0.10	818.01	373.15	0.20	966.19
273.00	0.15	835.21	373.15	0.30	973.34
273.00	0.20	854.31	373.15	0.50	988.43
273.00	0.24	871.11	373.15	0.75	1008.62
298.15	0.0001	826.33	373.15	1.00	1035.48
298.15	0.10	844.95	373.15	1.50	1099.38
298.15	0.20	868.47	373.15	2.00	1176.71
298.15	0.30	894.54	373.15	2.50	1313.54
298.15	0.50	951.39	393.00	0.07	998.80
303.00	0.07	854.71	393.00	0.10	1000.41
303.00	0.10	860.21	393.00	0.15	1003.31
303.00	0.15	869.41	393.00	0.20	1006.01
303.00	0.20	879.31	393.00	0.30	1011.81
303.00	0.30	901.11	393.00	0.50	1023.81
303.00	0.50	953.41	398.15	0.0001	992.65
323.15	0.0001	870.43	398.15	0.10	997.45
323.15	0.10	885.23	398.15	0.20	1002.16
323.15	0.20	899.15	398.15	0.30	1007.64

续表

T/K	p/MPa	$c_{p,\text{exp}}$/(J·kg^{-1}·K^{-1})	T/K	p/MPa	$c_{p,\text{exp}}$/(J·kg^{-1}·K^{-1})
323.15	0.30	915.32	398.15	0.50	1019.50
323.15	0.50	947.27	398.15	0.75	1034.50
323.15	0.75	1003.43	398.15	1.00	1052.83
323.15	1.00	1076.94	398.15	1.50	1090.46
333.00	0.07	903.51	398.15	2.00	1139.57
333.00	0.10	906.81	398.15	2.50	1201.41
333.00	0.15	912.51	423.00	0.20	1048.81
333.00	0.20	918.71	423.00	0.30	1053.01
333.00	0.30	931.41	423.00	0.50	1061.61
333.00	0.40	944.71	423.00	0.07	1043.51
333.00	0.50	959.61	423.00	0.10	1044.71
333.15	0.50	956.71	423.00	0.15	1046.71
333.15	0.69	988.15	423.15	0.0001	1031.95
348.15	0.0001	914.14	423.15	0.10	1035.09
348.15	0.10	920.12	423.15	0.20	1038.13
348.15	0.20	930.22	423.15	0.30	1042.24
348.15	0.30	939.43	423.15	0.50	1051.26
348.15	0.50	962.36	423.15	0.75	1063.71
348.15	0.75	993.34	423.15	1.00	1075.47
348.15	1.00	1032.93	423.15	1.50	1104.97
348.15	1.50	1147.60	423.15	2.00	1134.57
348.15	2.00	1362.44	423.15	2.50	1173.87
363.00	0.07	952.11			

附表 B.1.2 R134a 比定压热容(液相)实验数据摘录

T/K	p/MPa	$c_{p,\text{exp}}$/(J·kg^{-1}·K^{-1})	T/K	p/MPa	$c_{p,\text{exp}}$/(J·kg^{-1}·K^{-1})
223.15	0.75	1229.01	333.00	1.00	1058.71
223.15	5.00	1232.01	333.00	2.00	1645.71
223.15	10.00	1229.01	333.00	3.00	1597.01
223.15	18.20	1203.01	333.00	3.50	1577.71
228.15	0.75	1245.01	333.00	4.00	1563.22
228.15	5.00	1238.01	333.00	4.50	1547.52
228.15	10.00	1232.01	333.00	5.00	1534.72
228.15	18.20	1218.01	333.00	6.00	1516.81
233.15	0.75	1254.01	333.00	10.00	1452.21

续表

T/K	p/MPa	$c_{p,\mathrm{exp}}/(\mathrm{J\cdot kg^{-1}\cdot K^{-1}})$	T/K	p/MPa	$c_{p,\mathrm{exp}}/(\mathrm{J\cdot kg^{-1}\cdot K^{-1}})$
233.15	5.00	1245.01	333.00	15.00	1406.41
233.15	10.00	1239.01	333.00	20.00	1377.41
233.15	18.20	1226.01	333.00	30.00	1342.41
238.15	0.75	1265.01	340.00	2.20	1739.02
238.15	5.00	1254.01	340.00	2.50	1720.01
238.15	10.00	1244.01	340.00	3.00	1681.02
238.15	18.20	1233.01	340.00	2.50	1720.01
243.15	0.75	1272.01	340.00	3.00	1684.01
243.15	5.00	1262.01	340.00	2.20	1737.72
243.15	10.00	1251.01	340.00	2.50	1719.10
243.15	18.20	1238.01	340.00	3.00	1679.90
248.15	0.75	1283.01	346.50	2.50	1842.60
248.15	5.00	1268.01	349.98	2.70	1926.01
248.15	10.00	1260.01	349.98	3.00	1894.02
248.15	18.20	1245.01	350.00	3.00	1885.01
253.15	0.75	1292.01	350.00	2.70	1924.92
253.15	5.00	1275.01	350.00	3.00	1893.56
253.15	10.00	1267.01	355.98	3.00	2126.02
253.15	18.20	1254.01	356.00	3.00	2124.02
258.15	0.75	1308.01	356.00	3.00	2124.87
258.15	5.00	1284.01	363.00	1.00	1043.81
258.15	10.00	1276.01	363.00	2.00	1236.71
258.15	18.20	1258.01	363.00	3.00	2092.02
263.15	0.75	1319.01	363.00	3.50	2451.02
263.15	5.00	1293.01	363.00	4.00	2163.02
263.15	10.00	1285.01	363.00	4.50	2009.02
263.15	18.20	1265.01	363.00	5.00	1912.02
268.15	0.75	1333.01	363.00	6.00	1787.01
268.15	5.00	1302.01	363.00	10.00	1585.82
268.15	10.00	1295.01	363.00	15.00	1490.51
268.15	18.20	1273.01	363.00	20.00	1441.12
273.00	0.50	1337.62	363.00	30.00	1387.42
273.00	1.00	1334.11	373.00	3.80	3920.03
273.00	2.00	1328.91	373.00	3.90	8300.07
273.00	3.00	1324.32	373.00	4.00	22500.25

续表

T/K	p/MPa	$c_{p,\mathrm{exp}}$/(J · kg^{-1} · K^{-1})	T/K	p/MPa	$c_{p,\mathrm{exp}}$/(J · kg^{-1} · K^{-1})
273.00	4.00	1319.61	373.00	4.10	5490.05
273.00	5.00	1316.31	373.00	4.20	3970.04
273.00	6.00	1311.21	373.00	4.50	2890.02
273.00	10.00	1296.91	373.00	5.00	2371.02
273.00	15.00	1285.92	374.00	0.50	995.31
273.00	20.00	1274.31	374.00	1.00	1047.61
273.00	30.00	1263.41	374.00	2.00	1191.81
273.15	0.75	1344.02	374.00	3.00	1550.01
273.15	5.00	1310.01	374.00	3.50	2130.02
273.15	10.00	1306.01	374.00	3.80	3450.03
273.15	18.20	1278.01	374.00	3.90	5350.04
275.65	1.00	1354.50	374.00	4.00	31400.27
275.65	1.50	1344.70	374.00	4.10	13500.15
275.65	2.00	1345.68	374.00	4.20	9700.09
275.65	2.50	1343.72	374.00	4.50	3192.03
275.65	3.00	1337.84	374.00	5.00	2475.02
278.15	0.75	1369.01	374.00	6.00	2043.02
278.15	5.00	1316.01	374.00	10.00	1654.61
278.15	10.00	1309.01	374.00	15.00	1525.72
278.15	18.20	1279.02	374.00	20.00	1463.72
280.00	0.50	1373.01	374.00	30.00	1401.01
280.00	1.00	1369.01	375.00	3.80	3088.02
280.00	1.50	1364.01	375.00	4.00	9080.08
280.00	2.00	1360.01	375.00	4.10	27500.25
280.00	2.50	1355.01	375.00	4.20	13300.11
280.00	3.00	1351.01	375.00	4.50	3740.04
283.15	0.75	1453.01	375.00	5.00	2600.02
283.15	5.00	1322.01	383.00	3.90	4410.04
283.15	10.00	1302.01	383.00	4.30	6310.06
283.15	18.20	1261.01	383.00	5.00	5351.04
290.00	1.00	1398.01	383.00	6.00	2482.02
290.00	1.50	1394.01	393.00	0.50	1023.01
290.00	2.00	1390.01	393.00	1.00	1061.31
290.00	2.50	1385.01	393.00	2.00	1160.11

续表

T/K	p/MPa	$c_{p,exp}$/(J·kg^{-1}·K^{-1})	T/K	p/MPa	$c_{p,exp}$/(J·kg^{-1}·K^{-1})
290.00	3.00	1381.02	393.00	3.00	1322.31
300.00	1.00	1441.02	393.00	3.50	1465.72
300.00	1.50	1429.01	393.00	4.00	1699.01
300.00	2.00	1424.01	393.00	4.50	2126.02
300.00	2.50	1422.01	393.00	5.00	3052.02
300.00	3.00	1419.01	393.00	5.50	4280.04
300.00	1.00	1436.01	393.00	6.00	3569.03
300.00	1.50	1431.01	393.00	7.00	2461.02
300.00	2.00	1426.01	393.00	8.00	2089.02
300.00	2.50	1420.01	393.00	10.00	1807.02
300.00	3.00	1415.02	393.00	15.00	1585.92
300.00	1.00	1439.77	393.00	20.00	1502.71
300.00	1.50	1428.01	393.00	30.00	1428.32
300.00	2.00	1423.11	398.00	5.00	2362.02
300.00	2.50	1421.15	398.00	6.00	3534.03
300.00	3.00	1418.21	403.00	5.00	2018.01
303.00	0.50	952.61	403.00	6.00	2995.03
303.00	1.00	1448.92	413.00	5.00	1689.01
303.00	2.00	1429.22	413.00	6.00	2171.02
303.00	3.00	1419.42	413.00	10.00	2008.02
303.00	4.00	1407.12	423.00	0.50	1063.11
303.00	5.00	1396.61	423.00	1.00	1091.11
303.00	6.00	1386.31	423.00	2.00	1150.21
303.00	10.00	1354.51	423.00	3.00	1233.91
303.00	15.00	1334.41	423.00	3.50	1287.92
303.00	20.00	1316.51	423.00	4.00	1352.42
303.00	30.00	1305.21	423.00	4.50	1430.72
310.00	1.00	1495.01	423.00	5.00	1537.21
310.00	1.50	1469.01	423.00	6.00	1810.02
310.00	2.00	1470.01	423.00	7.00	2135.02
310.00	2.50	1468.01	423.00	8.00	2270.02
310.00	3.00	1457.01	423.00	9.00	2192.02
310.00	1.50	1478.02	423.00	10.00	2041.02
310.00	2.00	1470.01	423.00	12.00	1853.01

续表

T/K	p/MPa	$c_{p,\exp}$/(J·kg^{-1}·K^{-1})	T/K	p/MPa	$c_{p,\exp}$/(J·kg^{-1}·K^{-1})
310.00	2.50	1463.01	423.00	15.00	1684.01
310.00	3.00	1456.01	423.00	20.00	1563.81
310.00	1.00	1494.66	423.00	30.00	1468.12
310.00	1.50	1468.20	435.00	10.00	2006.02
310.00	2.00	1469.18	435.00	15.00	1720.01
310.00	2.50	1467.22	448.00	5.00	1374.41
310.00	3.00	1456.43	448.00	6.00	1487.42
320.00	1.30	1552.01	448.00	10.00	1885.01
320.00	1.50	1541.02	448.00	15.00	1735.02
320.00	2.00	1534.01	448.00	20.00	1614.02
320.00	2.50	1522.01	473.00	0.50	1129.11
320.00	3.00	1508.02	473.00	1.00	1144.91
320.00	1.50	1542.02	473.00	2.00	1185.51
320.00	2.00	1530.01	473.00	3.00	1211.01
320.00	2.50	1518.01	473.00	4.00	1264.41
320.00	3.00	1506.02	473.00	5.00	1318.21
320.00	1.30	1551.50	473.00	6.00	1383.01
320.00	1.50	1539.74	473.00	10.00	1641.42
320.00	2.00	1532.88	473.00	15.00	1683.01
320.00	2.50	1521.12	473.00	20.00	1603.52
320.00	3.00	1507.40	473.00	30.00	1508.91
330.00	1.70	1631.01	523.00	0.50	1183.21
330.00	2.00	1611.02	523.00	1.00	1194.31
330.00	2.50	1591.01	523.00	2.00	1218.81
330.00	3.00	1580.02	523.00	3.00	1241.21
330.00	2.00	1616.01	523.00	4.00	1269.61
330.00	2.50	1596.01	523.00	5.00	1300.81
330.00	3.00	1576.02	523.00	6.00	1325.51
330.00	1.70	1629.91	523.00	10.00	1453.82
330.00	2.00	1610.31	523.00	15.00	1554.21
330.00	2.50	1589.73	523.00	20.00	1565.12
330.00	3.00	1578.95	523.00	30.00	1539.81
333.00	0.50	959.01			

附表 B2.1　R152a 比定压热容(气相)实验数据摘录

T/K	p/MPa	$c_{p,\mathrm{exp}}$/(J·kg^{-1}·K^{-1})	T/K	p/MPa	$c_{p,\mathrm{exp}}$/(J·kg^{-1}·K^{-1})
298.15	0.0001	1021.79	373.15	1.00	1320.49
298.15	0.10	1050.55	373.15	1.50	1417.84
298.15	0.20	1087.04	373.15	2.00	1563.64
298.15	0.30	1129.13	373.15	2.50	1787.10
323.15	0.00	1085.37	398.15	0.0001	1248.73
323.15	0.10	1101.27	398.15	0.10	1251.15
323.15	0.20	1123.83	398.15	0.20	1259.03
323.15	0.30	1148.20	398.15	0.30	1268.72
323.15	0.50	1203.77	398.15	0.50	1288.70
323.15	0.75	1295.36	398.15	0.75	1314.74
348.15	0.0001	1142.45	398.15	1.00	1340.03
348.15	0.10	1152.59	398.15	1.50	1401.49
348.15	0.20	1167.89	398.15	2.00	1489.76
348.15	0.30	1184.69	398.15	2.50	1588.32
348.15	0.50	1219.51	423.15	1.00	1365.46
348.15	0.75	1273.11	423.15	1.50	1410.73
348.15	1.00	1337.15	423.15	2.00	1466.44
348.15	1.50	1523.67	423.15	2.50	1526.85
373.15	0.0001	1197.86	423.15	0.0001	1300.66
373.15	0.10	1201.50	423.15	0.10	1305.81
373.15	0.20	1211.19	423.15	0.20	1308.84
373.15	0.30	1222.39	423.15	0.30	1315.95
373.15	0.50	1247.98	423.15	0.50	1327.31
373.15	0.75	1283.40	423.15	0.75	1347.14

附表 B2.2　R152a 比定压热容(液相)实验数据摘录

T/K	p/MPa	$c_{p,\mathrm{exp}}$/(J·kg^{-1}·K^{-1})	T/K	p/MPa	$c_{p,\mathrm{exp}}$/(J·kg^{-1}·K^{-1})
181.16	5.00	3155.96	333.22	1.00	1470.98
226.02	2.00	1588.97	333.30	5.00	1957.97
227.05	20.00	1573.98	333.35	20.00	1769.97
229.19	20.00	1576.98	333.48	0.50	1260.78
230.60	2.00	1604.97	334.40	15.00	1817.97
233.68	20.00	1575.98	334.57	3.00	2024.97
233.80	10.00	1588.97	335.23	15.00	1895.97
238.24	2.00	1607.97	335.28	3.00	2371.97

续表

T/K	p/MPa	$c_{p,exp}$/(J·kg^{-1}·K^{-1})	T/K	p/MPa	$c_{p,exp}$/(J·kg^{-1}·K^{-1})
238.62	10.00	1602.97	335.62	20.00	1777.97
239.38	20.00	1584.97	335.76	5.00	1977.97
241.11	10.00	1598.98	336.61	15.00	1823.97
242.63	20.00	1586.97	336.66	3.00	2042.97
243.76	2.00	1624.97	336.98	2.00	2058.97
244.62	10.00	1605.97	338.34	5.00	1991.98
244.75	5.00	1615.98	338.58	2.00	2082.97
244.86	20.00	1589.97	338.74	1.20	1529.08
245.96	2.00	1627.97	338.85	3.00	2068.96
247.09	20.00	1593.98	338.94	15.00	1836.97
247.15	5.00	1623.97	339.96	3.00	2043.97
248.16	2.00	1634.98	339.97	3.00	2043.97
248.21	10.00	1614.98	339.98	2.20	2085.96
249.32	20.00	1596.98	339.98	2.50	2070.96
249.54	5.00	1630.97	339.98	2.80	2057.97
250.35	2.00	1640.97	339.98	3.00	2043.97
251.54	20.00	1598.98	339.98	2.19	2085.96
251.94	5.00	1632.98	339.98	2.20	2085.96
253.87	20.00	1602.97	339.98	2.50	2069.96
254.32	5.00	1639.98	339.98	2.79	2057.97
254.72	2.00	1649.97	339.98	2.80	2058.97
255.37	10.00	1631.98	339.99	2.50	2070.96
256.08	20.00	1607.97	340.00	1.76	2111.97
256.90	2.00	1653.98	340.15	20.00	1796.98
257.86	10.00	1638.98	340.27	2.00	2102.97
258.08	2.00	1659.97	340.78	5.00	2020.97
258.19	20.00	1609.97	343.11	5.00	2037.97
261.46	5.00	1654.98	343.18	1.20	1499.28
263.54	2.00	1675.98	343.20	1.40	1597.17
263.83	5.00	1663.97	343.24	1.00	1420.58
264.26	2.00	1662.97	343.33	0.80	1346.38
264.84	20.00	1621.97	343.37	0.50	1252.58
264.88	10.00	1649.97	343.86	10.00	1917.97
265.71	2.00	1677.98	344.66	20.00	1805.97
266.31	5.00	1669.97	345.22	2.00	2174.97

续表

T/K	p/MPa	$c_{p,exp}$/(J·kg^{-1}·K^{-1})	T/K	p/MPa	$c_{p,exp}$/(J·kg^{-1}·K^{-1})
267.16	20.00	1622.97	345.56	5.00	2066.96
267.88	2.00	1682.97	346.18	10.00	1931.98
268.68	5.00	1672.98	346.90	2.00	2200.97
269.37	20.00	1628.97	346.92	20.00	1810.96
269.62	10.00	1661.97	348.00	5.00	2090.96
270.05	2.00	1691.98	348.02	1.40	1558.07
270.93	5.00	1680.97	348.49	10.00	1949.96
271.45	20.00	1634.98	348.57	2.00	2231.97
271.77	20.00	1637.98	349.19	20.00	1820.97
271.98	10.00	1664.97	349.96	2.80	2211.97
272.10	2.00	1698.98	349.96	3.00	2194.97
273.15	0.26	1678.98	349.96	3.00	2194.97
274.34	10.00	1670.97	349.97	3.20	2182.96
274.45	5.00	1686.97	349.97	3.20	2181.97
275.64	1.50	1678.98	349.98	2.60	2237.97
275.64	2.01	1675.98	349.98	2.70	2223.96
275.64	3.01	1664.97	349.98	2.80	2212.97
275.65	1.00	1682.97	349.98	3.00	2194.97
275.65	1.50	1678.98	349.98	3.20	2182.96
275.65	2.00	1674.98	349.98	2.60	2234.97
275.65	2.50	1667.97	349.98	2.70	2222.96
275.65	3.00	1662.97	349.98	2.70	2223.96
275.65	2.51	1664.97	349.98	2.80	2214.97
275.66	1.01	1686.97	349.99	2.60	2241.96
275.66	3.00	1660.97	350.00	2.19	2274.97
275.67	1.50	1677.98	350.23	2.00	2276.97
275.68	2.01	1673.98	350.45	5.00	2119.97
275.69	1.01	1680.97	351.56	20.00	1832.98
275.77	5.00	1691.98	352.87	5.00	2150.96
276.42	2.00	1711.98	353.18	1.20	1457.08
278.01	5.00	1697.98	353.18	1.40	1533.57
278.28	20.00	1644.97	353.23	10.00	1968.96
280.00	0.34	1697.98	353.27	1.00	1390.78
280.37	5.00	1700.97	353.31	0.50	1249.78
280.48	20.00	1647.97	353.36	0.80	1328.58

续表

T/K	p/MPa	$c_{p,\exp}$/(J·kg^{-1}·K^{-1})	T/K	p/MPa	$c_{p,\exp}$/(J·kg^{-1}·K^{-1})
280. 73	2. 00	1722. 97	353. 87	20. 00	1837. 97
281. 41	10. 00	1689. 97	354. 93	3. 21	2278. 97
282. 47	20. 00	1650. 97	354. 94	3. 20	2281. 96
282. 88	2. 00	1731. 98	354. 95	3. 00	2303. 96
283. 76	10. 00	1694. 98	354. 97	3. 00	2306. 96
284. 66	20. 00	1658. 98	354. 98	3. 00	2305. 96
285. 20	5. 00	1721. 97	354. 98	3. 20	2279. 97
286. 85	20. 00	1658. 98	355. 28	5. 00	2187. 96
289. 04	20. 00	1664. 97	355. 54	10. 00	1981. 97
290. 00	0. 47	1732. 98	355. 96	20. 00	1845. 97
291. 23	20. 00	1665. 97	357. 69	5. 00	2221. 96
293. 41	20. 00	1670. 97	357. 73	10. 00	2000. 97
295. 60	20. 00	1672. 98	358. 22	20. 00	1849. 96
297. 77	20. 00	1678. 98	358. 65	3. 00	2464. 96
298. 16	2. 00	1792. 98	359. 78	15. 00	1920. 97
299. 96	1. 01	1773. 98	359. 98	3. 20	2436. 97
299. 98	2. 00	1766. 97	359. 98	3. 21	2444. 96
299. 98	2. 00	1763. 97	359. 98	3. 21	2438. 96
299. 99	1. 00	1773. 98	360. 00	2. 70	2543. 96
299. 99	1. 50	1766. 97	360. 03	10. 00	2017. 97
299. 99	2. 00	1764. 97	360. 09	5. 00	2260. 97
299. 99	2. 50	1762. 97	360. 47	20. 00	1860. 97
299. 99	3. 00	1754. 98	362. 10	15. 00	1930. 96
299. 99	1. 51	1766. 97	362. 22	3. 00	2613. 96
299. 99	2. 50	1761. 97	362. 32	10. 00	2032. 97
299. 99	3. 00	1754. 98	362. 48	5. 00	2296. 97
299. 99	3. 00	1755. 98	362. 72	20. 00	1865. 97
300. 00	0. 63	1775. 98	364. 48	3. 00	2739. 96
300. 00	1. 51	1767. 97	364. 62	10. 00	2051. 97
300. 60	3. 00	1798. 97	364. 87	5. 00	2349. 96
301. 43	15. 00	1719. 97	365. 32	15. 00	1938. 97
302. 47	2. 00	1806. 97	366. 92	10. 00	2068. 96
303. 79	15. 00	1723. 97	367. 23	5. 00	2401. 96
304. 21	2. 00	1812. 98	367. 23	20. 00	1883. 97
304. 80	3. 00	1813. 98	369. 08	15. 00	1959. 97

续表

T/K	p/MPa	$c_{p,\mathrm{exp}}$/(J·kg^{-1}·K^{-1})	T/K	p/MPa	$c_{p,\mathrm{exp}}$/(J·kg^{-1}·K^{-1})
305.95	2.00	1821.97	369.21	10.00	2084.96
306.16	15.00	1731.98	369.48	20.00	1893.98
307.69	2.00	1829.96	369.59	5.00	2474.97
308.52	15.00	1737.98	371.41	15.00	1963.97
308.70	10.00	1782.97	371.50	10.00	2105.96
309.10	3.00	1830.96	371.73	20.00	1901.97
309.43	2.00	1835.98	371.92	5.00	2550.95
309.97	1.11	1831.98	373.60	15.00	1979.97
309.97	1.50	1826.97	373.97	20.00	1907.97
309.98	1.11	1829.96	375.93	15.00	1987.96
309.99	1.10	1830.96	376.22	20.00	1911.98
309.99	1.50	1827.97	377.14	10.00	2150.96
309.99	2.00	1821.97	378.45	5.00	2878.96
309.99	2.50	1815.98	378.47	20.00	1925.97
309.99	3.00	1809.97	379.32	10.00	2168.96
309.99	2.00	1819.97	379.65	15.00	1997.97
309.99	2.01	1823.97	379.76	5.00	3017.96
309.99	2.50	1817.97	380.72	20.00	1931.98
309.99	3.00	1807.97	381.63	10.00	2192.97
310.00	0.84	1831.98	382.46	5.00	3336.95
310.00	1.51	1826.97	382.97	20.00	1938.97
310.00	2.50	1813.98	383.86	5.00	3559.95
310.00	3.00	1811.98	383.92	10.00	2215.97
310.88	15.00	1744.97	384.30	15.00	2024.97
311.04	10.00	1788.97	385.06	5.00	3826.94
311.25	3.00	1842.97	385.22	20.00	1950.96
311.51	2.00	1846.97	385.74	6.00	2885.95
313.22	15.00	1753.98	386.20	10.00	2244.96
313.25	2.00	1855.97	386.30	5.00	4022.94
313.38	10.00	1796.98	386.79	6.00	3034.96
313.39	3.00	1854.98	387.46	20.00	1958.97
313.46	0.50	1291.98	387.50	5.00	4742.93
314.63	2.00	1863.97	387.54	15.00	2039.97
315.17	5.00	1844.97	387.87	6.00	3146.95
315.53	3.00	1866.97	388.50	5.00	5409.91

续表

T/K	p/MPa	$c_{p,\exp}$/(J·kg^{-1}·K^{-1})	T/K	p/MPa	$c_{p,\exp}$/(J·kg^{-1}·K^{-1})
315.69	15.00	1755.98	388.95	6.00	3234.95
315.72	10.00	1807.97	389.40	5.00	6799.90
317.66	3.00	1877.97	389.63	10.00	2274.97
318.04	15.00	1767.97	389.71	20.00	1963.97
318.05	10.00	1815.98	389.87	15.00	2049.96
318.17	2.00	1885.97	390.01	6.00	3345.94
318.57	5.00	1864.97	390.32	5.00	9177.86
319.79	3.00	1892.98	391.12	5.00	11509.82
319.81	2.00	1896.97	391.12	6.00	3510.94
319.98	1.51	1898.97	391.96	5.00	12079.82
319.98	2.01	1888.96	392.15	6.00	3652.95
319.98	2.50	1881.97	392.82	5.00	10539.84
319.98	2.50	1882.97	393.06	10.00	2305.96
319.98	3.00	1869.96	393.24	6.00	3826.94
319.99	1.50	1897.97	393.90	5.00	7901.88
319.99	2.00	1888.96	394.30	6.00	4082.94
319.99	2.50	1881.97	394.76	20.00	1982.97
319.99	3.00	1869.96	395.19	6.00	4310.93
319.99	1.51	1896.97	395.21	5.00	5349.91
319.99	2.00	1885.97	396.11	6.00	4534.94
319.99	3.00	1867.97	396.52	5.00	4449.93
320.00	1.09	1902.97	396.75	20.00	1994.97
320.27	15.00	1774.98	396.85	15.00	2088.96
320.39	10.00	1819.97	397.11	6.00	4900.93
321.05	5.00	1879.97	398.04	5.00	3753.95
322.61	15.00	1780.97	398.05	6.00	5174.93
322.72	10.00	1827.97	398.85	20.00	1996.97
323.21	1.00	1551.18	399.37	6.00	5709.91
323.23	0.80	1375.48	399.92	5.00	3523.94
323.25	2.00	1923.97	400.72	6.00	6391.89
323.31	0.80	1423.88	400.94	20.00	2003.97
323.52	0.50	1274.78	401.43	6.00	7169.88
324.39	20.00	1744.97	401.87	5.00	3322.95
324.95	15.00	1787.97	402.14	6.00	6839.90
324.97	2.00	1934.97	403.04	20.00	2014.97
325.06	10.00	1839.97	403.06	6.00	6437.90

续表

T/K	p/MPa	$c_{p,\text{exp}}$/(J·kg^{-1}·K^{-1})	T/K	p/MPa	$c_{p,\text{exp}}$/(J·kg^{-1}·K^{-1})
325.09	3.00	1929.96	403.88	5.00	3141.95
325.90	5.00	1907.97	404.02	6.00	6370.90
326.55	20.00	1749.97	405.03	6.00	5969.90
326.68	2.00	1946.97	405.24	20.00	2023.97
327.29	15.00	1796.98	406.15	6.00	5604.91
327.42	10.00	1849.96	406.17	15.00	2140.97
328.37	5.00	1919.97	407.27	6.00	5096.93
328.39	2.00	1965.97	407.44	20.00	2035.97
328.82	20.00	1757.97	408.25	5.00	2831.96
329.63	15.00	1797.97	408.41	6.00	4817.93
329.78	10.00	1854.98	408.50	15.00	2153.97
329.97	2.20	1969.96	409.43	20.00	2039.97
329.98	2.00	1972.98	409.65	6.00	4487.93
329.98	2.00	1972.98	410.27	5.00	2755.96
329.98	2.50	1960.97	410.84	15.00	2166.96
329.99	1.70	1983.97	410.95	6.00	4160.94
329.99	2.00	1971.98	411.43	20.00	2045.96
329.99	2.20	1966.96	412.31	6.00	3936.94
329.99	2.50	1958.97	412.32	5.00	2628.95
329.99	3.00	1944.97	413.65	20.00	2051.97
329.99	1.70	1982.97	413.77	6.00	3676.95
329.99	1.70	1982.97	414.50	5.00	2557.96
329.99	2.50	1957.97	415.21	6.00	3429.94
329.99	3.00	1941.97	415.51	15.00	2198.97
329.99	3.00	1948.96	415.75	20.00	2055.97
330.00	1.39	1993.97	416.70	5.00	2512.97
330.00	2.20	1964.97	417.75	20.00	2069.96
330.10	2.00	1984.97	417.85	15.00	2211.97
330.37	3.00	1977.97	418.91	5.00	2451.97
330.84	5.00	1942.97	419.86	20.00	2074.97
331.09	20.00	1764.97	420.19	15.00	2221.96
331.81	2.00	1996.97	421.96	20.00	2085.96
332.08	15.00	1812.98	422.53	15.00	2243.96
332.14	10.00	1864.97	423.35	5.00	2316.97
332.48	3.00	2000.97	424.06	20.00	2092.97
333.21	1.20	1581.47			

附表 B3.1　R227ea 比定压热容(气相)实验数据摘录

T/K	p/MPa	$c_{p,\mathrm{exp}}$/(J·kg^{-1}·K^{-1})	T/K	p/MPa	$c_{p,\mathrm{exp}}$/(J·kg^{-1}·K^{-1})
253.15	0.03	728.39	363.15	0.10	906.79
253.15	0.05	735.09	363.15	0.20	913.19
273.15	0.05	765.99	363.15	0.30	919.50
273.15	0.08	772.79	363.15	0.40	926.60
273.15	0.10	777.59	363.15	0.60	942.79
303.15	0.05	813.59	393.15	0.05	945.39
303.15	0.08	817.30	393.15	0.08	946.59
303.15	0.10	820.20	393.15	0.10	947.39
303.15	0.20	834.99	393.15	0.20	951.59
303.15	0.30	853.20	393.15	0.30	955.90
303.15	0.40	875.79	393.15	0.40	960.50
333.15	0.05	860.00	393.15	0.60	970.99
333.15	0.08	862.49	423.15	0.05	983.69
333.15	0.10	864.09	423.15	0.08	984.79
333.15	0.20	873.69	423.15	0.10	985.39
333.15	0.30	883.39	423.15	0.20	988.80
333.15	0.40	895.00	423.15	0.30	992.40
363.15	0.05	903.79	423.15	0.40	995.59
363.15	0.08	905.89	423.15	0.60	1003.09

附表 B3.2　R227ea 比定压热容(液相)实验数据摘录

T/K	p/MPa	$c_{p,\mathrm{exp}}$/(J·kg^{-1}·K^{-1})	T/K	p/MPa	$c_{p,\mathrm{exp}}$/(J·kg^{-1}·K^{-1})
181.16	5.00	3155.96	333.22	1.00	1470.98
226.02	2.00	1588.97	333.30	5.00	1957.97
227.05	20.00	1573.98	333.35	20.00	1769.97
229.19	20.00	1576.98	333.48	0.50	1260.78
230.60	2.00	1604.97	334.40	15.00	1817.97
233.68	20.00	1575.98	334.57	3.00	2024.97
233.80	10.00	1588.97	335.23	15.00	1895.97
238.24	2.00	1607.97	335.28	3.00	2371.97
238.62	10.00	1602.97	335.62	20.00	1777.97
239.38	20.00	1584.97	335.76	5.00	1977.97
241.11	10.00	1598.98	336.61	15.00	1823.97
242.63	20.00	1586.97	336.66	3.00	2042.97
243.76	2.00	1624.97	336.98	2.00	2058.97

续表

T/K	p/MPa	$c_{p,\mathrm{exp}}$/(J·kg^{-1}·K^{-1})	T/K	p/MPa	$c_{p,\mathrm{exp}}$/(J·kg^{-1}·K^{-1})
244.62	10.00	1605.97	338.34	5.00	1991.98
244.75	5.00	1615.98	338.58	2.00	2082.97
244.86	20.00	1589.97	338.74	1.20	1529.08
245.96	2.00	1627.97	338.85	3.00	2068.96
247.09	20.00	1593.98	338.94	15.00	1836.97
247.15	5.00	1623.97	339.96	3.00	2043.97
248.16	2.00	1634.98	339.97	3.00	2043.97
248.21	10.00	1614.98	339.98	2.20	2085.96
249.32	20.00	1596.98	339.98	2.50	2070.96
249.54	5.00	1630.97	339.98	2.80	2057.97
250.35	2.00	1640.97	339.98	3.00	2043.97
251.54	20.00	1598.98	339.98	2.19	2085.96
251.94	5.00	1632.98	339.98	2.20	2085.96
253.87	20.00	1602.97	339.98	2.50	2069.96
254.32	5.00	1639.98	339.98	2.79	2057.97
254.72	2.00	1649.97	339.98	2.80	2058.97
255.37	10.00	1631.98	339.99	2.50	2070.96
256.08	20.00	1607.97	340.00	1.76	2111.97
256.90	2.00	1653.98	340.15	20.00	1796.98
257.86	10.00	1638.98	340.27	2.00	2102.97
258.08	2.00	1659.97	340.78	5.00	2020.97
258.19	20.00	1609.97	343.11	5.00	2037.97
261.46	5.00	1654.98	343.18	1.20	1499.28
263.54	2.00	1675.98	343.20	1.40	1597.17
263.83	5.00	1663.97	343.24	1.00	1420.58
264.26	2.00	1662.97	343.33	0.80	1346.38
264.84	20.00	1621.97	343.37	0.50	1252.58
264.88	10.00	1649.97	343.86	10.00	1917.97
265.71	2.00	1677.98	344.66	20.00	1805.97
266.31	5.00	1669.97	345.22	2.00	2174.97
267.16	20.00	1622.97	345.56	5.00	2066.96
267.88	2.00	1682.97	346.18	10.00	1931.98
268.68	5.00	1672.98	346.90	2.00	2200.97
269.37	20.00	1628.97	346.92	20.00	1810.96
269.62	10.00	1661.97	348.00	5.00	2090.96

续表

T/K	p/MPa	$c_{p,\mathrm{exp}}$/(J·kg^{-1}·K^{-1})	T/K	p/MPa	$c_{p,\mathrm{exp}}$/(J·kg^{-1}·K^{-1})
270.05	2.00	1691.98	348.02	1.40	1558.07
270.93	5.00	1680.97	348.49	10.00	1949.96
271.45	20.00	1634.98	348.57	2.00	2231.97
271.77	20.00	1637.98	349.19	20.00	1820.97
271.98	10.00	1664.97	349.96	2.80	2211.97
272.10	2.00	1698.98	349.96	3.00	2194.97
273.15	0.26	1678.98	349.96	3.00	2194.97
274.34	10.00	1670.97	349.97	3.20	2182.96
274.45	5.00	1686.97	349.97	3.20	2181.97
275.64	1.50	1678.98	349.98	2.60	2237.97
275.64	2.01	1675.98	349.98	2.70	2223.96
275.64	3.01	1664.97	349.98	2.80	2212.97
275.65	1.00	1682.97	349.98	3.00	2194.97
275.65	1.50	1678.98	349.98	3.20	2182.96
275.65	2.00	1674.98	349.98	2.60	2234.97
275.65	2.50	1667.97	349.98	2.70	2222.96
275.65	3.00	1662.97	349.98	2.70	2223.96
275.65	2.51	1664.97	349.98	2.80	2214.97
275.66	1.01	1686.97	349.99	2.60	2241.96
275.66	3.00	1660.97	350.00	2.19	2274.97
275.67	1.50	1677.98	350.23	2.00	2276.97
275.68	2.01	1673.98	350.45	5.00	2119.97
275.69	1.01	1680.97	351.56	20.00	1832.98
275.77	5.00	1691.98	352.87	5.00	2150.96
276.42	2.00	1711.98	353.18	1.20	1457.08
278.01	5.00	1697.98	353.18	1.40	1533.57
278.28	20.00	1644.97	353.23	10.00	1968.96
280.00	0.34	1697.98	353.27	1.00	1390.78
280.37	5.00	1700.97	353.31	0.50	1249.78
280.48	20.00	1647.97	353.36	0.80	1328.58
280.73	2.00	1722.97	353.87	20.00	1837.97
281.41	10.00	1689.97	354.93	3.21	2278.97
282.47	20.00	1650.97	354.94	3.20	2281.96
282.88	2.00	1731.98	354.95	3.00	2303.96
283.76	10.00	1694.98	354.97	3.00	2306.96

续表

T/K	p/MPa	$c_{p,exp}$/(J·kg^{-1}·K^{-1})	T/K	p/MPa	$c_{p,exp}$/(J·kg^{-1}·K^{-1})
284.66	20.00	1658.98	354.98	3.00	2305.96
285.20	5.00	1721.97	354.98	3.20	2279.97
286.85	20.00	1658.98	355.28	5.00	2187.96
289.04	20.00	1664.97	355.54	10.00	1981.97
290.00	0.47	1732.98	355.96	20.00	1845.97
291.23	20.00	1665.97	357.69	5.00	2221.96
293.41	20.00	1670.97	357.73	10.00	2000.97
295.60	20.00	1672.98	358.22	20.00	1849.96
297.77	20.00	1678.98	358.65	3.00	2464.96
298.16	2.00	1792.98	359.78	15.00	1920.97
299.96	1.01	1773.98	359.98	3.20	2436.97
299.98	2.00	1766.97	359.98	3.21	2444.96
299.98	2.00	1763.97	359.98	3.21	2438.96
299.99	1.00	1773.98	360.00	2.70	2543.96
299.99	1.50	1766.97	360.03	10.00	2017.97
299.99	2.00	1764.97	360.09	5.00	2260.97
299.99	2.50	1762.97	360.47	20.00	1860.97
299.99	3.00	1754.98	362.10	15.00	1930.96
299.99	1.51	1766.97	362.22	3.00	2613.96
299.99	2.50	1761.97	362.32	10.00	2032.97
299.99	3.00	1754.98	362.48	5.00	2296.97
299.99	3.00	1755.98	362.72	20.00	1865.97
300.00	0.63	1775.98	364.48	3.00	2739.96
300.00	1.51	1767.97	364.62	10.00	2051.97
300.60	3.00	1798.97	364.87	5.00	2349.96
301.43	15.00	1719.97	365.32	15.00	1938.97
302.47	2.00	1806.97	366.92	10.00	2068.96
303.79	15.00	1723.97	367.23	5.00	2401.96
304.21	2.00	1812.98	367.23	20.00	1883.97
304.80	3.00	1813.98	369.08	15.00	1959.97
305.95	2.00	1821.97	369.21	10.00	2084.96
306.16	15.00	1731.98	369.48	20.00	1893.98
307.69	2.00	1829.96	369.59	5.00	2474.97
308.52	15.00	1737.98	371.41	15.00	1963.97
308.70	10.00	1782.97	371.50	10.00	2105.96

续表

T/K	p/MPa	$c_{p,\mathrm{exp}}$/(J·kg^{-1}·K^{-1})	T/K	p/MPa	$c_{p,\mathrm{exp}}$/(J·kg^{-1}·K^{-1})
309.10	3.00	1830.96	371.73	20.00	1901.97
309.43	2.00	1835.98	371.92	5.00	2550.95
309.97	1.11	1831.98	373.60	15.00	1979.97
309.97	1.50	1826.97	373.97	20.00	1907.97
309.98	1.11	1829.96	375.93	15.00	1987.96
309.99	1.10	1830.96	376.22	20.00	1911.98
309.99	1.50	1827.97	377.14	10.00	2150.96
309.99	2.00	1821.97	378.45	5.00	2878.96
309.99	2.50	1815.98	378.47	20.00	1925.97
309.99	3.00	1809.97	379.32	10.00	2168.96
309.99	2.00	1819.97	379.65	15.00	1997.97
309.99	2.01	1823.97	379.76	5.00	3017.96
309.99	2.50	1817.97	380.72	20.00	1931.98
309.99	3.00	1807.97	381.63	10.00	2192.97
310.00	0.84	1831.98	382.46	5.00	3336.95
310.00	1.51	1826.97	382.97	20.00	1938.97
310.00	2.50	1813.98	383.86	5.00	3559.95
310.00	3.00	1811.98	383.92	10.00	2215.97
310.88	15.00	1744.97	384.30	15.00	2024.97
311.04	10.00	1788.97	385.06	5.00	3826.94
311.25	3.00	1842.97	385.22	20.00	1950.96
311.51	2.00	1846.97	385.74	6.00	2885.95
313.22	15.00	1753.98	386.20	10.00	2244.96
313.25	2.00	1855.97	386.30	5.00	4022.94
313.38	10.00	1796.98	386.79	6.00	3034.96
313.39	3.00	1854.98	387.46	20.00	1958.97
313.46	0.50	1291.98	387.50	5.00	4742.93
314.63	2.00	1863.97	387.54	15.00	2039.97
315.17	5.00	1844.97	387.87	6.00	3146.95
315.53	3.00	1866.97	388.50	5.00	5409.91
315.69	15.00	1755.98	388.95	6.00	3234.95
315.72	10.00	1807.97	389.40	5.00	6799.90
317.66	3.00	1877.97	389.63	10.00	2274.97
318.04	15.00	1767.97	389.71	20.00	1963.97
318.05	10.00	1815.98	389.87	15.00	2049.96

续表

T/K	p/MPa	$c_{p,exp}$/(J·kg^{-1}·K^{-1})	T/K	p/MPa	$c_{p,exp}$/(J·kg^{-1}·K^{-1})
318.17	2.00	1885.97	390.01	6.00	3345.94
318.57	5.00	1864.97	390.32	5.00	9177.86
319.79	3.00	1892.98	391.12	5.00	11509.82
319.81	2.00	1896.97	391.12	6.00	3510.94
319.98	1.51	1898.97	391.96	5.00	12079.82
319.98	2.01	1888.96	392.15	6.00	3652.95
319.98	2.50	1881.97	392.82	5.00	10539.84
319.98	2.50	1882.97	393.06	10.00	2305.96
319.98	3.00	1869.96	393.24	6.00	3826.94
319.99	1.50	1897.97	393.90	5.00	7901.88
319.99	2.00	1888.96	394.30	6.00	4082.94
319.99	2.50	1881.97	394.76	20.00	1982.97
319.99	3.00	1869.96	395.19	6.00	4310.93
319.99	1.51	1896.97	395.21	5.00	5349.91
319.99	2.00	1885.97	396.11	6.00	4534.94
319.99	3.00	1867.97	396.52	5.00	4449.93
320.00	1.09	1902.97	396.75	20.00	1994.97
320.27	15.00	1774.98	396.85	15.00	2088.96
320.39	10.00	1819.97	397.11	6.00	4900.93
321.05	5.00	1879.97	398.04	5.00	3753.95
322.61	15.00	1780.97	398.05	6.00	5174.93
322.72	10.00	1827.97	398.85	20.00	1996.97
323.21	1.00	1551.18	399.37	6.00	5709.91
323.23	0.80	1375.48	399.92	5.00	3523.94
323.25	2.00	1923.97	400.72	6.00	6391.89
323.31	0.80	1423.88	400.94	20.00	2003.97
323.52	0.50	1274.78	401.43	6.00	7169.88
324.39	20.00	1744.97	401.87	5.00	3322.95
324.95	15.00	1787.97	402.14	6.00	6839.90
324.97	2.00	1934.97	403.04	20.00	2014.97
325.06	10.00	1839.97	403.06	6.00	6437.90
325.09	3.00	1929.96	403.88	5.00	3141.95
325.90	5.00	1907.97	404.02	6.00	6370.90
326.55	20.00	1749.97	405.03	6.00	5969.90
326.68	2.00	1946.97	405.24	20.00	2023.97

续表

T/K	p/MPa	$c_{p,\mathrm{exp}}$/(J·kg^{-1}·K^{-1})	T/K	p/MPa	$c_{p,\mathrm{exp}}$/(J·kg^{-1}·K^{-1})
327.29	15.00	1796.98	406.15	6.00	5604.91
327.42	10.00	1849.96	406.17	15.00	2140.97
328.37	5.00	1919.97	407.27	6.00	5096.93
328.39	2.00	1965.97	407.44	20.00	2035.97
328.82	20.00	1757.97	408.25	5.00	2831.96
329.63	15.00	1797.97	408.41	6.00	4817.93
329.78	10.00	1854.98	408.50	15.00	2153.97
329.97	2.20	1969.96	409.43	20.00	2039.97
329.98	2.00	1972.98	409.65	6.00	4487.93
329.98	2.00	1972.98	410.27	5.00	2755.96
329.98	2.50	1960.97	410.84	15.00	2166.96
329.99	1.70	1983.97	410.95	6.00	4160.94
329.99	2.00	1971.98	411.43	20.00	2045.96
329.99	2.20	1966.96	412.31	6.00	3936.94
329.99	2.50	1958.97	412.32	5.00	2628.95
329.99	3.00	1944.97	413.65	20.00	2051.97
329.99	1.70	1982.97	413.77	6.00	3676.95
329.99	1.70	1982.97	414.50	5.00	2557.96
329.99	2.50	1957.97	415.21	6.00	3429.94
329.99	3.00	1941.97	415.51	15.00	2198.97
329.99	3.00	1948.96	415.75	20.00	2055.97
330.00	1.39	1993.97	416.70	5.00	2512.97
330.00	2.20	1964.97	417.75	20.00	2069.96
330.10	2.00	1984.97	417.85	15.00	2211.97
330.37	3.00	1977.97	418.91	5.00	2451.97
330.84	5.00	1942.97	419.86	20.00	2074.97
331.09	20.00	1764.97	420.19	15.00	2221.96
331.81	2.00	1996.97	421.96	20.00	2085.96
332.08	15.00	1812.98	422.53	15.00	2243.96
332.14	10.00	1864.97	423.35	5.00	2316.97
332.48	3.00	2000.97	424.06	20.00	2092.97
333.21	1.20	1581.47			